生灵·奇境

中国盐城黄海湿地

中共盐城市委宣传部·组织编写　　蔡珏·编著

江苏凤凰科学技术出版社·南京

图书在版编目（CIP）数据

生灵·奇境：中国盐城黄海湿地 / 蔡珏编著 . ——
南京：江苏凤凰科学技术出版社，2022.4
ISBN 978-7-5713-1860-4

Ⅰ . ①生… Ⅱ . ①蔡… Ⅲ . ①黄海 – 沼泽化地 – 盐城
– 普及读物 Ⅳ . ① P942.533.78-49

中国版本图书馆 CIP 数据核字 (2021) 第 060146 号

生灵·奇境——中国盐城黄海湿地

组 织 编 写	中共盐城市委宣传部
编　　　　著	蔡　珏
责 任 编 辑	蔡晨露　吴　杨　杨　帆
助 理 编 辑	王　静
责 任 校 对	仲　敏
责 任 监 制	刘　钧

出 版 发 行	江苏凤凰科学技术出版社
出版社地址	南京市湖南路 1 号 A 楼，邮编：210009
出版社网址	http://www.pspress.cn
照　　　　排	江苏凤凰制版有限公司
印　　　　刷	南京新世纪联盟印务有限公司

开　　　　本	889 mm×1 194 mm　1/16
印　　　　张	14
插　　　　页	4
字　　　　数	320 000
版　　　　次	2022 年 4 月第 1 版
印　　　　次	2022 年 4 月第 1 次印刷

标 准 书 号	ISBN 978-7-5713-1860-4
定　　　　价	128.00 元（精）

仅以此书
献给保护这片神奇土地的所有人
献给热爱这片美丽土地的所有人
献给为这片灵秀土地无私奉献的所有人

序 | 因为热爱

知道位于江苏盐城的辐射沙脊群，是在 2019 年夏天的一天。有位朋友把最新出版的一期《中国国家地理》递到我面前说："看看这个，绝对是你想要的。"

那是当期的封面文章，足足用了十几页的篇幅，从辐射沙脊群的成因、当地的生态环境到区域经济价值等方面，对辐射沙脊群进行了多角度、全方位的描述。其中最吸引我的，还是封面那张黄蓝相间、色彩明快的航拍照。

黄色的是沙，蓝色的是海，沙海相间，又浑然一体。仔细端详，绵延的沙滩上有一群麋鹿在自由驰骋；如宝石般静谧的海面上，又有一行白鹭直冲霄汉。时光雕琢了辐射沙脊群，镜头凝固了画面，可那在天地间游走的精灵们，瞬间又让这一切变得灵动起来。

说实话，这大大颠覆了居于上海的我对这相隔仅百余千米的未知之地的认知。在我的印象中，江苏、浙江和上海所在的"长三角"是中国经济的命脉所在，从宁波的北仑，到沪上的洋山，再到江苏的连云港，绵延的海岸线上不应该都是通商贸易的港口吗？

可在陆地与海洋于此握手的辐射沙脊群，无数条沙脊像一条条巨龙奔向大海，又像一把打开的巨大折扇。在这巨幅扇面之上，鹤舞长空、鱼翔浅底、鹿鸣呦呦……那里究竟是怎样的一方净土？又为什么说其生态价值早已超越了一般意义上的经济价值？

带着这份疑惑，也因工作使然，我和团队开始尝试着去了解更多。资料里说，这里是中国第一个滨海湿地类世界自然遗产，实现了中国在这一领域零的突破；动物保护学家说，这里是候鸟在东亚—澳大利西亚迁飞区的重要"加油站"；保护区工作人员说，这里是动植物的家园，一年四季总能在这里收获喜悦与幸福……

当我们决定踏上这片生态净土，期望用镜头记录下那里的点点滴滴时，更多的信息先于摄像机的存储卡充满了每一位摄制组成员的脑海。

初夏，这里连空气都是亢奋的，滨海滩涂上成百上千头雄性麋鹿跃跃欲试，竞逐着一年一度的鹿王。30 多年前，一度在中国灭绝的麋鹿终于重返故里，回到这片水草肥美之地；30 多年后，这里的麋鹿种群已发展到 6000 多头。

一种名为斑尾塍鹬的小鸟，把这里作为重要落脚点。这是一种体重仅约 260 克的小鸟，曾一路飞过云海、越过星河，从美国阿拉斯加起飞，11 天后降落在新西兰，整整飞行了

12200 千米——它们也因此被誉为鸟类的"飞行冠军"。到达目的地后，它们的体重减少了近一半。更多时候，它们会在迁徙途中降落在中国盐城黄海湿地，充分补给后，再度启程。

勺嘴鹬，另一种濒危鸟类，全球仅剩 600 多只。而在中国盐城黄海湿地的条子泥，每年都能看到它们的身影。与斑尾塍鹬短暂的停留不同，这种自带"用餐工具"的小家伙们，会在这里滞留两三个月，直到享尽美味、换上秋装后，才再次踏上南飞的旅程，与这片被冠以"勺嘴鹬之乡"的滩涂作别……

鉴于盐城黄海湿地对鸟类有如此重要的意义，以至于在我们抵达之前便听说盐城有两个"机场"，一个是盐城南洋国际机场，另一个是"盐城国际机场"。这当然是一个玩笑，却也颇为形象—— 一片纵贯南北的长长的滩涂，不正像飞机的跑道？其迎来送往的是终年在东亚—澳大利西亚迁飞区这条国际路线上往复奔波的鸟儿们。

再往后便正式进入到拍摄阶段。野外摄影，尤其是野生动物摄影摄像的艰辛早已让我们忘却了之前的玩笑。其间遇到的各种困难不必赘言，但正如知名野外摄影师肖戈所言："拍摄野生动物，最大的目的不是拍摄一张漂亮的作品，而是为了让更多的人关注它们，爱护它们，这是我作为一个野生动物摄影师希望发挥的社会作用。"

带着这份热爱自然的执念，我们曾先后四次踏上盐城黄海湿地，每次一待就是半月有余。

在江苏盐城湿地珍禽国家级自然保护区，我们曾亲历了一对因伤滞留于此的丹顶鹤夫妇的悲欢离合，也曾和东方白鹳一起迎接南黄海朝阳的喷薄欲出，还曾真切感受到"爱情楷模"白额燕鸥间的缠绵悱恻……

在江苏大丰麋鹿国家级自然保护区，我们目睹了鹿王争霸场面的激烈恢宏，并被新一届鹿王舍我其谁的气势感染；我们也用镜头记录下了正处于换角期的麋鹿的顽皮与诙谐；甚至一位摄影师还亲自救助了一头因过河而与母亲失散的麋鹿宝宝……

在盐城条子泥湿地，绿洲带来的惊喜还在眼前，一阵秋风吹过就将绿洲染红，那长满碱蓬的盐碱地瞬间变成了色彩浓烈的油画。当然，我们也记得摄影师透过长焦镜头拍到勺嘴鹬时的惊喜，还记得滩涂上招潮蟹与弹涂鱼之间的较量……

当然，我们更不能忘记为守护这片净土而无私奉献的保护区的工作人员，是他们 30 多年间持续的努力才换来了大自然的这份美好馈赠。

最后，我要感谢我的好朋友李静歌导演，摄像师吴元奇先生，生态摄影师李东明老师、胡小星老师、陈国远老师，以及中共盐城市委宣传部、盐城市人民政府新闻办公室、盐城市湿地和世界自然遗产保护管理中心、江苏盐城湿地珍禽国家级自然保护区、江苏大丰麋鹿国家级自然保护区、中共东台市委宣传部为本书出版给予的大力支持与帮助，感谢北京林业大学雷光春教授、中国地质调查局南京地质调查中心陶奎元研究员在本书出版过程中提出的宝贵意见，感谢黄海湿地研究院公司闫泽群总经理、北京中蕾生态科技有限公司李郊博士、大丰麋鹿保护区刘彬博士、盐城师范学院许鹏博士对稿件进行细致认真的审读。

因为热爱，我和我的团队"猴扑 Nature"——一群热爱自然的年轻人，有幸将所见所闻通过这本书分享给大家。

希望有更多的人和我们一起"探索生灵，点亮自然"。

猴扑工作室创始人　蔡珏

2022 年 3 月

目录

第一篇

世界遗产，滨海仙境

　　无数候鸟从远方出发，历经一场长途冒险，终于来到了这片特殊的土地——辐射沙脊群。地处江苏省盐城市的这片辐射沙脊群，属于亚热带向暖温带的过渡地区，四季更替，丰富的食物资源和适宜的气候条件使得来此做客的候鸟从未间断。丹顶鹤换上冬羽、勺嘴鹬囤积能量、黑嘴鸥营巢繁殖……鹳鹤类、雁鸭类、鸻鹬类等鸟类接受着大自然的馈赠，为辐射沙脊群增添了更多生机。就连几经波折方归故土的麋鹿，也让世界听到了这片地球上面积最大的辐射沙脊群发出的声音。**1** **2**

1　众多候鸟来到这里，接受着大自然的馈赠。（摄影／李东明）

2 重新繁荣的麋鹿一族，让世界感受到来自这片仙境的勃勃生机。（摄影／胡小星）

第一篇
世界遗产，滨海仙境

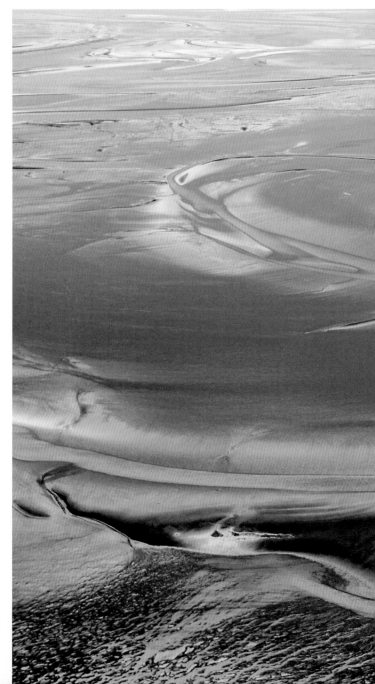

3 右图 一只反嘴鹬信步在群鸟中。正是因为这里有着丰富的食物，候鸟们才会不间断地来到这里。（摄影／李东明）

4 下图 南黄海独特的"潮汐动力系统"在这里绘制了绝美的风景，东沙上的潮沟亦美如画。（摄影／陈国远）

2019 年 7 月结束的世界遗产大会上，位于盐城黄海湿地的候鸟栖息地，成为中国第一个滨海湿地类世界自然遗产，实现了中国在这一领域零的突破。

这片由古黄河和古长江复合三角洲演化而来的辐射沙脊群，南北长约 200 千米，东西宽约 140 千米。在 2019 年 7 月成为中国第 14 项世界自然遗产的黄（渤）海候鸟栖息地（第一期），包括了江苏盐城湿地珍禽国家级自然保护区、江苏大丰麋鹿国家级自然保护区、江苏盐城条子泥市级湿地公园、江苏东台市条子泥湿地保护小区和东台市高泥淤泥质海滩湿地保护小区，面积约 2700 平方千米，正位于辐射沙脊群的生态核心区。它以磅礴的地势容纳了众多生物在此繁衍生息，是东亚—澳大利西亚迁飞区的关键驿站。3

这里之所以被称为"海中巨扇"，皆因其延绵至海中的形似巨型折扇骨架般的辐射状地貌。而造就这一地貌特征的，则是古河口的变迁和潮汐冲刷的共同作用。4

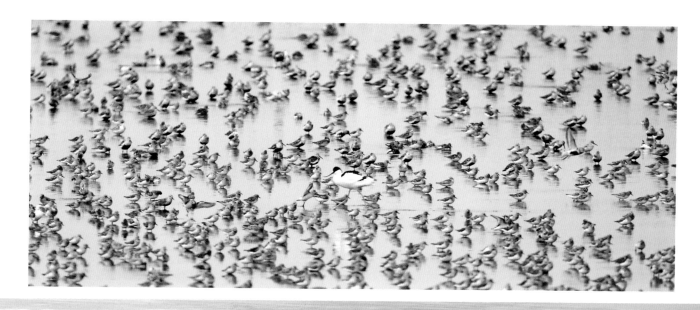

回溯到一万多年前，江苏弶港（今江苏省盐城市东台市境内）曾是长江入海口，附近分布了众多大大小小的沙岛和水下三角洲，而后经历几千年的冲刷，大片泥沙被海水分隔雕琢成不同形状，辐射沙脊群的雏形逐渐显现。黄河流向的变迁则是让辐射沙脊群快速发展的重要基础来源。奔涌的黄河拥有超越世界上其他河流的含沙量，其刚烈冲动的流势也不断改变着大地的形状。曾经，黄河与淮河位于江苏北部的入海口每十年才相汇一次，随着时间推移，黄河与江苏北部的关系也愈发紧密。公元 1494 年，黄河全面夺淮入海，为海岸带来了大量泥沙，这才孕育出了这片适宜各类底栖生物生长的粉砂淤泥质滩涂湿地。 5

5 经历了时光的冲刷，在黄河的滋润下，这里终于孕育出了适宜各类底栖生物生长的粉砂淤泥质滩涂湿地，它以磅礴之姿容纳了众多生物在此繁衍生息。（摄影 / 陈国远）

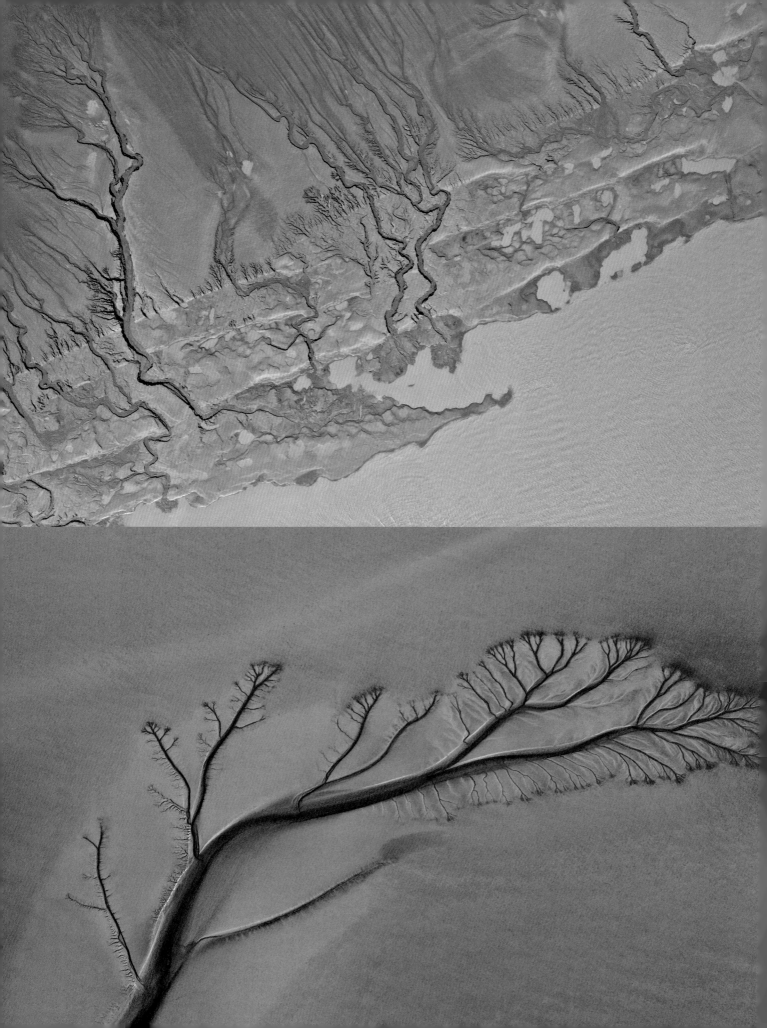

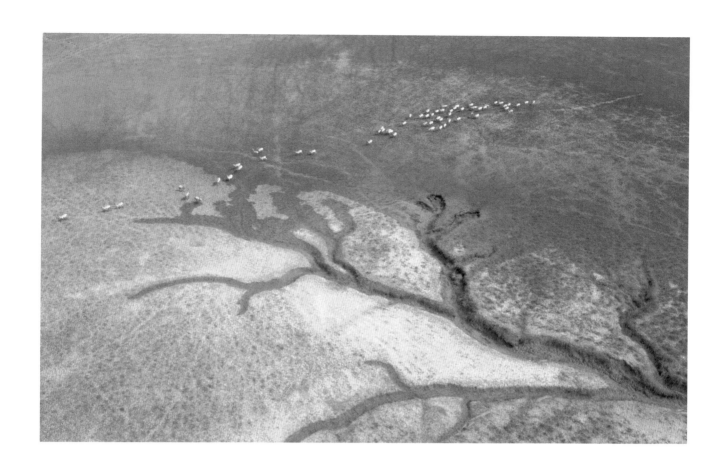

6 左上图　大自然在广袤的海岸上绘就了一棵棵参天大树。（摄影／李东明）

8 上图　一群麋鹿在这片富饶的土地上安居乐业。

7 左下图　这些不断蔓延的"枝条"连接了大地和海洋，将海洋中的养分源源不断地送往辐射沙脊群。（摄影／李东明）

　　如果说古河口（尤其是黄河）的变迁创造了海岸线上巨大的扇面，那么南黄海独特的"潮汐动力系统"则负责在这里"切割"出一条条形若骨架的沙脊，最终形成了由70多条沙脊组成的辐射沙脊群。据《中国国家地理》文章，基岩古陆山东半岛、朝鲜半岛和江苏海岸共同构成了一条形状如"巨钩"的海岸线，外海海潮在向黄海推进的过程中，受到山东半岛的阻碍、反射，在地旋力等因素的共同作用下，在江苏北部沿海海区形成一组逆时针运动的"旋转潮波"；而在辐射沙脊群的东南方向，还有一组来自太平洋的前进潮波。这两个巨大的潮波系统奔涌突进，恰好在江苏盐城东台弶港岸外相会、碰撞、叠加，形成了一个以弶港为中心，辐聚散射的独特水动力系统——涨潮时，涨潮流自北、东北、东和东南诸方向涌向弶港岸边；落潮时，落潮流又以弶港为中心，呈扇面向外发散，年年岁岁循环往复。6 7 8 9

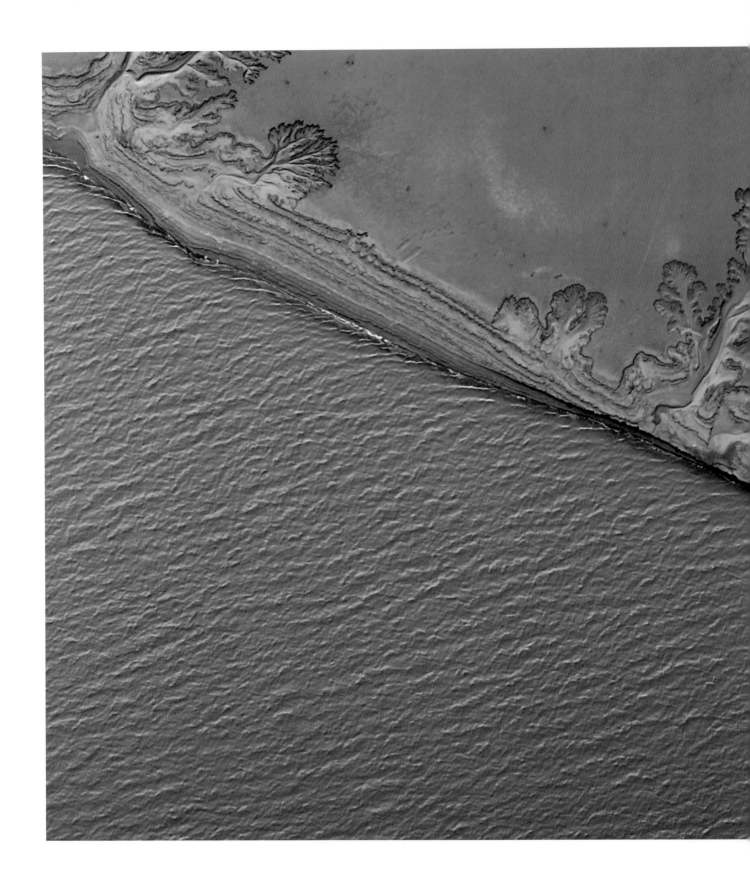

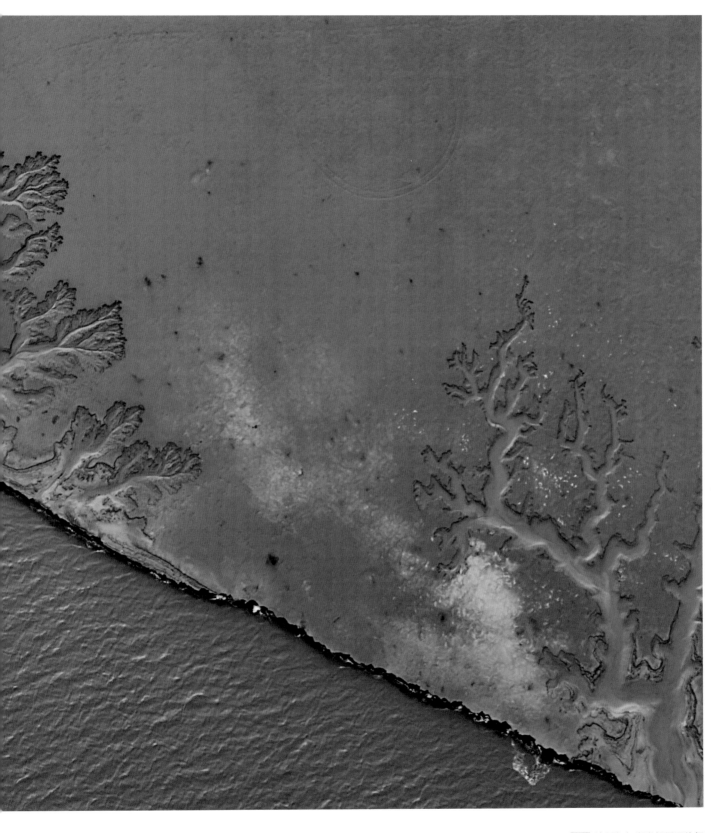

9　这里年年岁岁都循环往复地承受着潮起潮落，逐渐形成了独特的海岸线。

第一篇
世界遗产，滨海仙境

　　地球的变迁神奇且漫长，板块运动造就了如今七大洲五大洋的格局。人类的文明进程与此息息相关，但人类的生命长度显然不足以丈量脚下这片土地的变化。当然，也有例外。在潮汐动力的推动下，江苏沿海的居民在短短几十年间就感受到了海岸线的不断变化。

　　辐射沙脊群的中心地带，以条子泥为代表的近岸滩涂不断淤长，并岸成陆，几十年前还未显露的海底世界如今在空气中尽享阳光，被麋鹿和候鸟们踏足。有资料表明，从 20 世纪 40 年代到 21 世纪初，条子泥出露面积已近 600 平方千米。粉砂淤泥质滩涂可固定水分和盐分等营

养物质，贝类丰富，比坚硬的岩石海岸更利于多种生物
的生存。

出露的沙脊蜿蜒曲折，好似大自然的刻刀在广袤的
海岸上雕刻出的参天大树，不断蔓延的"枝条"连接起
了大地和海洋。■10

10 在潮汐动力的推动下，奔
涌的海水裹挟着大量的养分不断
向内伸展，滋养着这片土地上的
万物。（摄影 / 李东明）

大自然的创意总是无穷无尽。如果说蜿蜒的沙脊是写意的水墨画，那么长满碱蓬的盐碱地则是色彩浓烈的油画。春夏，碱蓬和盐角草慢慢冒头，它们吸足了土地里的养分尽情生长，一大片滩涂绿洲就此形成。绿洲带来的惊喜还在眼前，秋风将绿洲染红，秋迁的候鸟也随之而来。

　　辐射沙脊群是时间和海洋共同打磨的作品，人类和动植物在此和谐共处，共同享受大自然的馈赠，合理索取，持续发展。时间能够改变一切，但潮涨潮落、候鸟迁飞还有盐碱地的红绿交替却会亘古不变。■ 11

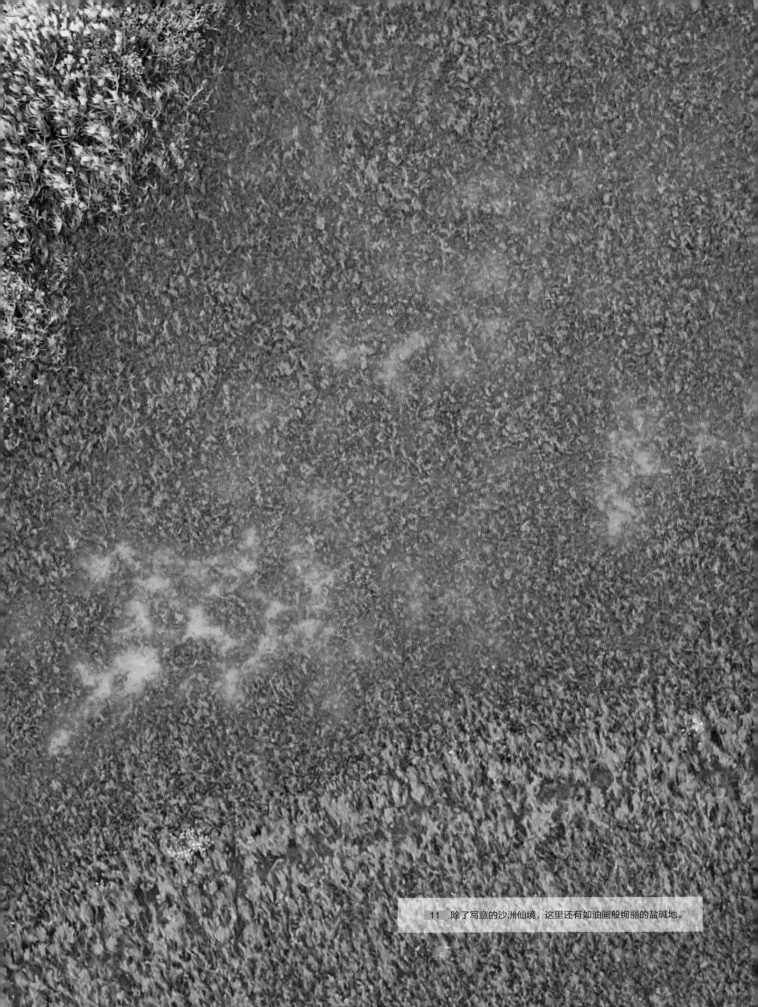

11 除了写意的沙洲仙境，这里还有如油画般绚丽的盐碱地。

（篇章图摄影 / 李东明）

第二篇

风中起舞，迁徙巡游

鹤鸣九皋——丹顶鹤

丹顶鹤（学名：*Grus japonensis*），鹤形目鹤科，大型涉禽，体长120～160厘米，翼展可达240厘米以上，体重7～10.5千克。颈、脚较长，通体大多白色，头顶鲜红色，喉和颈黑色，耳至头枕白色，脚黑色。幼鸟头、颈棕褐色，体羽白色而缀栗色。属冬候鸟，小群或家族群活动，多栖息于浅滩上或苇塘边。丹顶鹤属杂食性鸟类，主要以鱼、虾、蟹、水生昆虫、沙蚕、蛤类、螺类以及水生植物的茎、叶、块茎、球茎和果实等为食。

1 在古时，丹顶鹤常被人们赋以吉祥的色彩，这一特点在郎世宁的这幅《花阴双鹤图》中展现得淋漓尽致。

初春，盐城珍禽保护区，一个优雅的身影在随风飘扬的芦苇深处若隐若现。鹅黄的阳光从芦苇的间隙照进来，淡淡地洒在它洁白的羽毛上。它羽翼尾部和颈部的黑色，与一身素衣形成了鲜明对比，头顶的那一点红，又恰如其分地点缀出些许妖娆。

在全球15种鹤类中，丹顶鹤或许是最为中国人所熟知的，不仅因为它的濒危程度，更因为它在中国文化中的非凡意义。"三年典郡归，所得非金帛。天竺石两片，华亭鹤一只。饮啄供稻粱，包裹用茵席。诚知是劳费，其奈心爱惜。远从余杭郭，同到洛阳陌。"白居易的《洛下卜居》表达出他和丹顶鹤之间的深情。或许，丹顶鹤是陪伴他写出那么多绝美诗句的精神依靠。无论是优雅的展翅，还是高亢的鸣叫，它们给予这个世界的，是善意和美好。

1 **2** **3**

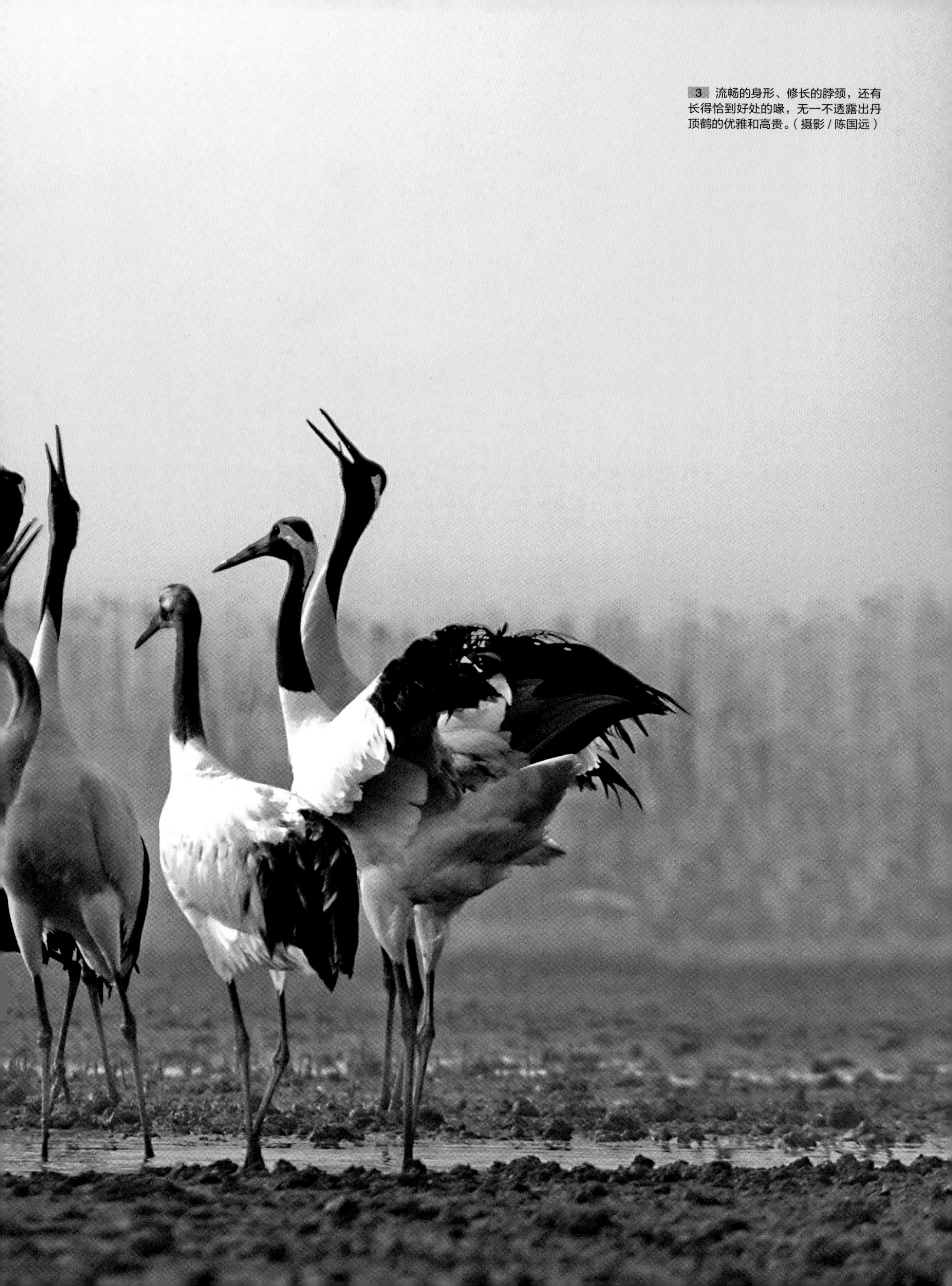

3 流畅的身形、修长的脖颈，还有长得恰到好处的喙，无一不透露出丹顶鹤的优雅和高贵。（摄影 / 陈国远）

·安家

出于候鸟的本能，丹顶鹤早该在阳光明媚的春天飞往位于东北松嫩平原的繁殖地生儿育女。但此刻，盐城湿地这一原本只是越冬地的短暂栖所，成了一些野化放归丹顶鹤夫妇的理想家园。其实，不只是这对新人，还有一些丹顶鹤也成为这片滨海湿地的留鸟，甚至在此迎接新生命的到来，不再随野生种群迁徙。开阔洁净的环境、富足的食物来源，以及盐城当地对于栖息地的大力保护，为它们营造了优越的环境，让它们无须担忧后代的成长，鲜有天敌的侵袭也提高了小丹顶鹤的存活率。

几个嫩黄色的小脑袋相继探了出来，这是出生 40 天左右的小丹顶鹤。它们从小到大的变化，是一个奇妙的变装过程。刚刚出生的小丹顶鹤羽毛还是深褐色的，喙也偏短。等到 30 多天后，羽色就会逐渐变浅。一岁以后，才有了人们熟悉的丹顶鹤的样子。但它头顶的红色，要至少两岁成熟以后才能完全显露出来。这鲜艳的红色并非来源于羽毛，而是羽毛褪去之后裸露的富含毛细血管的皮肤，丹顶鹤也由此而得名。 **4**

不过，距离得到这成熟的标志，这些小丹顶鹤还有很多事情要面对。比如大长腿骨折的危险——丹顶鹤通常需要助跑后才能起飞，一旦腿骨折，它们很可能就会因伤不能助跑而无法飞行。又比如在夏季，湿地里的蚊虫特别多，小丹顶鹤被蚊虫叮咬后可能会传染上一些致命的疾病……这些难以预料的意外也是丹顶鹤格外稀少的因素之一。现在的它们，在父母身边尽显孩童顽皮的天性，左蹦右跳、互相打闹，等到羽翼丰满，就会踏上一条遥远的迁徙旅途。 **5**

5 右图　丹顶鹤在这样安宁的地方尽显孩童般顽皮的天性，左蹦右跳、互相打闹，待时机成熟，它们就会踏上遥远的旅途。（摄影 / 陈国远）

4 下图　这是一只已经 40 天大的小丹顶鹤，它的羽毛颜色已经不再是刚出生时那样深了。

6 上图 经历了一路陪伴，这对成年丹顶鹤已经彼此暗生情愫。

每年这个季节，都会有成百上千只丹顶鹤飞越山河湖泊，来到这里度过寒冷的冬季，直至次年春暖花开再飞回北方的繁殖地。6

根据越冬地的不同，丹顶鹤的迁徙种群通常分为东线和西线两条迁徙路径。西线群体的丹顶鹤，繁殖于中国境内的松嫩平原、辽河流域和辉河湿地等东北区域，越冬于江苏盐城和山东黄河三角洲自然保护区，这是丹顶鹤迁徙种群的主要线路；东线群体的丹顶鹤，繁殖于中国境内的三江平原和俄罗斯的布列亚河湿地，越冬于朝鲜半岛中部区域。7 8

一路的陪伴，这对成年丹顶鹤彼此早已暗生情愫。甫一到达这片开阔、丰饶的滨海平原，它们便缠绵着对舞、互鸣，似乎是以"歌声"昭示这趟远足的结束，更像是爱情的宣言。

丹顶鹤的颈长和鸣管都不短，鸣管甚至可达1米以上，是人类气管长度的五六倍，末端卷成环状，盘曲于胸骨之间，就像西洋乐中的铜管乐器一样，发音时能引起强烈的共鸣，声音可以传到3～5千米以外。所谓"鹤鸣于九皋，声闻于野"，便源于此。

7 下图 温暖的气候让这里成了丹顶鹤心中理想的越冬地。
（摄影/胡小星）

8 活泼的丹顶鹤让这里的冬天不再萧索。（摄影 / 胡小星）

第二篇
风中起舞，迁徙巡游

· 爱情

芦苇荡依然回荡着它们的爱意，但此时，危险却正在逼近。

一头体型娇小的牙獐突然出现在丹顶鹤夫妇面前，有些茫然地注视着这对远道而来的"不速之客"，既未进攻，也没逃跑。显然，作为大型涉禽，丹顶鹤的个头更占优势。但面对这一拥有一对獠牙、战斗力未知的生物，丹顶鹤依然保持着谨慎。只是由于同伴的存在，才让雄性丹顶鹤有了底气，一招"白鹤亮翅"先行示威，随后趁势跳离地面，冲着牙獐如同猎鹰捕食一般扑将过去，胆小的牙獐瞬间掉头逃离，战斗随之结束。 **9**

雄性丹顶鹤赢得了胜利，也赢得了爱情。接下来的几个月里，两只丹顶鹤形影不离，一同嬉戏行动、一同觅食，除了植物根、茎之外，小龙虾、相手蟹都是这里特定的美味。湖面映衬出优美的姿态，它们一前一后，等待着来年3月天气转暖再次出发。这个冬季，它们褪去夏羽，换成了适合过冬的羽翼。此时它们会暂时失去飞行的能力，静静享受冬季休整的时光。

这一年的春天好像来得更早一些，眼见出发的日子越发接近，新的夏羽也已准备好，它们却有些迟疑。除了每年辛苦地来回迁徙，丹顶鹤夫妇还想到了另一种生活的可能性——留下来。

雌性丹顶鹤抓紧时间梳理了羽毛，随后坚定地走向了丈夫，双方一唱一和，持续高亢的鸣叫确定了彼此一生相伴的誓言，也确定了它们想要留在这里孕育后代的决心。一夫一妻，今生不改，盐城湿地将是它们兑现誓言的未来家园。爱情在丹顶鹤身上才算是真正的模样。

寿命可达80岁的丹顶鹤，一旦找到伴侣，就会互相陪伴直至一方离去，而另一方今生都不会再有其他伴侣，甚至有性情刚烈者会为爱人绝食殉情而亡，或许就连生物学家都解释不清这忠贞爱情的缘由。

10 上图　雌性丹顶鹤静静地在"家"中孵蛋，舒适的巢窝让它缓缓地闭上了眼睛。

9 左图　丹顶鹤常用"白鹤亮翅"的方式进行示威，这显然是它们的"杀手锏"之一。（摄影／陈国远）

[扫一扫]
这是一对特殊的丹顶鹤夫妇，丈夫因受伤截了肢，妻子的脚趾也有残缺。它们成了留鸟，在这里孕育新的生命。

　　4月到来，雌性丹顶鹤产下两枚卵，和雄性丹顶鹤轮换孵化着，并用充满仪式感的鸣叫确认交班。爱情的结晶正在悄然孕育，但因为没有太多经验，夫妻俩显得格外小心，所有动作都变得小心翼翼，生怕有什么闪失。妻子起身拨弄鸟蛋的时候，丈夫在一旁捡拾干草让巢窝变得更加舒适。哪怕是其中一方出去觅食，也不会离开太远。

　　天气的突然变换、好奇邻居的打扰都不会影响到丹顶鹤夫妇，它们的雏鸟将在一个月后出生。夕阳斜斜地洒下，正在孵蛋的丹顶鹤妻子缓缓闭眼打了个盹，丈夫忠诚地守护在它附近，让它安心休息。10

　　当又一个夏天到来时，盐城湿地将迎来更多新生命，这里也将成为丹顶鹤在中国的另一个家，不仅仅是短暂停留的越冬地，而是可以长久安居的乐土。11　12

11 冬去春来，这里迎来了越来越多的生命，成了丹顶鹤安居的乐土。

第二篇
风中起舞，迁徙巡游

丹顶鹤们在慢条斯理地梳理着羽毛，金黄色的夕阳为这幅画染上了闲适的味道。（摄影／李东明）

带勺飞客——勺嘴鹬

勺嘴鹬（学名：*Calidris pygmeus*），鸻形目鹬科，小型涉禽，体长 14 ～ 16 厘米，体重最多达 40 克。嘴黑色，喙基平扁，喙端宽大呈勺形，分布着比其他鹬类更丰富的神经末梢，可以更好地帮助它们在海岸滩涂感知泥沼下沙蚕等无脊椎生物。每年在东亚—澳大利西亚迁飞区的迁徙旅途中，有超过全球半数的勺嘴鹬会在盐城湿地觅食、换羽，停留长达 3 个月以上。 **1**

1 上图 勺嘴鹬有着白色的羽翼、灰褐色的背羽以及标志性的黑色扁平的喙。（摄影 / 李东明）

2 右图 勺嘴鹬的嘴巴扁平得像勺子一样，因此得名"勺嘴鹬"。（摄影 / 李东明）

落日的余晖还未完全隐去，几位辛劳的"旅行者"终于找到了歇脚处。这是一趟全世界都关注的旅程，不借助任何外力，完成上万里的旅程，是这些小小身躯每年都要达成的壮举。

2018 年底，就有这样一只"超级小勺"轰动了国际观鸟界。它是一只编号为"07"的雄性勺嘴鹬，2013 年，在俄罗斯白令海峡西岸的一个鸟巢中，被研究人员戴上了足旗（带编码的彩色旗标环志，用于观测）。

接下来的几年里，研究人员与观鸟人士在东亚、东南亚的许多地方，多次看到"07"和它的配偶（们），见证了"07"为了自己和种群的繁衍大计忙碌和奔波着。

跟随一串走位奇特的脚印，白色的羽翼、灰褐色的背羽，一只巴掌大小的鸟儿出现在了望远镜的那一端。转过身来，露出黑色扁平的喙，是勺嘴鹬！ **2**

第二篇
风中起舞，迁徙巡游

"鹬蚌相争,渔翁得利",这是一个对大多数人来说再熟悉不过的成语,但人们对其中的鹬鸟知之甚少。每年 9 月 6 日的"世界鸻鹬日",足以证明这一物种在自然界的重要性,而全球仅剩 600 多只的数字,更凸显了勺嘴鹬的珍稀。

勺嘴鹬,这一已极度濒危的鹬鸟,由卡尔·林奈在 1758 年命名并介绍给全世界。从被发现到如今濒临灭绝,在这几百年的时间里,究竟发生了什么?

人类文明的发展速度和对地球资源的占有超乎想象。这些执着的旅行者在一代代的迁徙飞行中,必须花费更多精力去适应迁徙路线上每一处细微的变化,也必须准确避开不断拔地而起的人工建筑。更为致命的是,一些原本计划好的"加油站",由于人类的干扰或面目全非,或干脆彻底消失。 3

为此，全球的生物保护者展开了一场特殊的接力——通过记录这些小鸟的旅行日记，来深入了解并保护它们。环志是科学家研究鸟类迁飞路线的一种重要手段，不同地区的研究人员在发现勺嘴鹬的踪迹后，会在其腿上佩戴印有信息的特有标志，以此观测该个体的迁徙路线。

"接力棒"来到了中国，几只戴有彩色环志的勺嘴鹬现身江苏盐城条子泥。它们将在这里停留长达 3 个月的时间，待补足能量后，再继续踏上漫长的旅途。 4 5

[扫一扫]
长途跋涉后，勺嘴鹬用"小勺子"急切地在条子泥中寻找食物补充体力。

条子泥细软的滩涂淤泥之下，蕴藏着丰富的底栖生物。几对远道而来、自带"餐具"的小家伙儿忙碌地开拓着这片天然餐桌，一场别开生面的觅食大赛开始了。其实，与其说勺嘴鹬自带的"餐具"像勺子，倒不如说更像一把向外伸展的铲子。而它们的进食动作，既不是"用勺子舀"，也不是"用铲子铲"——用观鸟者的话说，它们吃东西时，活像一只只"小猪"。

正在滩涂上觅食的"01号"选手选择的是稳步推进的方法，将勺状的喙深入泥中，不放过任何一个角落；"02号"选手更注重技术，同样是啄食，还另外加上了横扫的动作——这也是鹬类中独一无二的技术，远远望去，还真和小猪在食槽中取食的样子有几分相似；"03号"选手显然是一位急性子，用嘴奋力击打着淤泥，又或是把闭合的上下喙像工兵铲一样直刺入泥中。这种看似打草惊蛇的做法，实则能让淤泥下的猎物飞弹而起，进而一击中的。**6 7 8 9**

6 左图 勺嘴鹬轻而易举地捕获了一只小虾。（摄影／李东明）

7 下图 这只勺嘴鹬用嘴奋力击打淤泥，令藏身在淤泥之下的虾飞弹而起。（摄影／李东明）

8　与那些性急的同类相比，这只勺嘴鹬的觅食就优雅了许多。（摄影／李东明）

9　有的勺嘴鹬会用像铲子一样的喙，稳步向前推进，一旦有猎物进嘴，便会紧咬不放。（摄影 /李东明）

与那些性急的雄性勺嘴鹬相比，雌性勺嘴鹬的觅食动作就优雅了许多。它将扁平的喙蜻蜓点水般地插入浅水，轻轻一吸，诸如沙蚕类的无脊椎生物就被吸入腹中。如此周而复始，像是滩涂上奏响的一首节奏轻快的圆舞曲。

勺嘴鹬的食谱很广，大多是高能量、高蛋白的食物——包括浅水和泥沙中的小虾、昆虫、蠕虫、植物种子，以及由微生物形成的生物膜等。不过，到目前为止，关于勺嘴鹬如勺似铲的喙的具体使用原理，学界还没有形成统一的意见。脑洞大开的动物学家们为此做过多种猜测，比如敲击猎物的"锤子"，过滤食物颗粒的"筛子"，或是吸取食物颗粒的"吸尘器"等。**10**

10 到达了有着充沛食物的"加油站"，这些机灵的小家伙们便会让这里变得热闹非凡。（摄影／李东明）

在条子泥滩涂上觅食的鹬鹬类很多，其中红颈滨鹬与勺嘴鹬体型、羽色相似，当前者喙尖沾上泥巴时，模样很容易与勺嘴鹬混淆。不过，这两种鹬类在这里停歇的"档期"不完全一致，而且勺嘴鹬更喜欢混群的"邻居"是黑腹滨鹬。由于勺嘴鹬数量稀少、观测较难，因此数量较多的红颈滨鹬与黑腹滨鹬，也常常成为研究的参考对象。**11**

有研究表明，每年5月下旬到6月上旬，勺嘴鹬抵达俄罗斯远东地区的繁殖地，抓紧北极圈稍纵即逝的夏季进行求偶和繁殖。在此期间，雌性和雄性勺嘴鹬都会披上鲜亮的繁殖羽"夏装"。而秋天南迁时，勺嘴鹬穿着"夏装"启程，途中便会在条子泥湿地换上"秋装"——之前的恋爱、生娃和长途飞行已使它们的繁殖羽磨损得不轻。**12**

每年都有这么一段时间，全世界超过50%的勺嘴鹬汇集到条子泥，共享这里的盛宴。几个月之后，换羽后的它们将再次踏上南飞的旅程，与这片被冠以"勺嘴鹬之乡"的滩涂作别。在它们的旅行日记上，这里不仅是人类与它们的约定，也注定是一段美妙的无法抹去的记忆。**13**

11 左上图　沾上泥巴后，红颈滨鹬就有了和勺嘴鹬极为相似的"餐具"。（摄影／李东明）

12 左下图　在这里，勺嘴鹬能得到充分的补给。（摄影／李东明）

13 下图　落日的余晖还未完全隐去，辛劳的"旅行者"终于找到了歇脚处。在条子泥歇息了几个月后，换羽后的勺嘴鹬又要再次起飞，继续它们向南的旅程。（摄影／李东明）

静默"君子"——东方白鹳

东方白鹳（学名：*Ciconia boyciana*），鹳形目鹳科，大型涉禽，国家一级保护动物。体长 110 ~ 128 厘米，体重 3.9 ~ 4.5 千克，翼展约 2.2 米。嘴黑、脚红，眼周皮肤玫瑰红色，体羽白色，飞羽黑色，并具金属光泽。栖于开阔而偏僻的平原、草地和沼泽地带，性宁静而机警，飞行或步行时举止缓慢，休息时常单足站立。**1**

春末的阳光已经带来了一丝燥热，透过午后蒸腾的水汽隐约可见芦苇荡中的高台。高台之上，是东方白鹳的家。

在很长一段时间里，东方白鹳曾一度被认为是白鹳（即欧洲白鹳）的亚种，直至 20 世纪 60 年代，经过鸟类学家研究，才确定其与欧洲白鹳为两个不同的物种。不过，东方白鹳的确与白鹳有相似之处——同为大型涉禽、羽白色，但东方白鹳的眼睛周围有一块红色皮肤，喙也呈黑色。**2**

1 右图　东方白鹳全身主要有三种颜色——白色的体羽、黑色且泛着金属光泽的飞羽、黑色的嘴以及红色的脚和眼周。它的体型较大，翼展可达约 2.2 米。（摄影／陈国远）

2 下图　东方白鹳最大的特点就在于眼睛。它的眼睛几乎是全白，眼周呈现出玫瑰红色，显得分外高冷。

作为一种大型涉禽，东方白鹳和其他诸如白鹭、夜鹭等鸟类一样，喜欢将巢构筑在密林高处，以躲避天敌的侵袭。**3**

随着气温的升高，一对已成为盐城湿地"留鸟"的东方白鹳夫妇决定在此繁衍后代，可最佳位置早已被其他鸟类捷足先登。盘旋一圈后，这对夫妇选择了开阔芦苇丛中一处独立的高台，它们的孩子将在这里出生、成长。**4**

东方白鹳受到的关注通常少于丹顶鹤和麋鹿，但其实它们的种群也已经处于濒危状态。为了生存，它们有时也会接受人类的善意，这处高台就是江苏盐城湿地珍禽国家级自然保护区为它们专门设立的。在保护区核心区内，除采取设置物理隔离栏、开挖物理隔离河道等保护措施外，视频监控 24 小时"站岗"、五架无人机海上"守护"等诸多现代科技手段的运用让茫茫湿地变成一级管控区。

生灵·奇境 | 中国盐城黄海湿地

3 上图 东方白鹳喜欢将巢构筑在高处，以躲避天敌的侵袭，所以盐城湿地的工作人员为了帮助它们繁衍，专门为东方白鹳架起了高高的鸟巢。

4 左图 这对已成为盐城湿地"留鸟"的东方白鹳夫妇选中了开阔芦苇丛中一处独立的高台。它们的孩子将在这里出生、成长。（摄影/陈国远）

第二篇
风中起舞，迁徙巡游

5 上图　这只雄性东方白鹳在浅水区缓步行走，寻找着水中的"猎物"。东方白鹳虽然是群居动物，但它们更喜欢单独出来觅食。

雄性东方白鹳外出觅食，高台之上只有雌性东方白鹳独自在家。雌性东方白鹳站起身来，红色的眼眶加上几乎全是眼白的眼睛，让它显得格外高冷。但此时作为母亲的它，行为举止都分外温柔，细心拨弄了身下的蛋，调整位置后很快又趴了下来。它不敢让鸟蛋过多暴露在其他物种的视线中。没有丈夫在身边，它必须保护好未出世的孩子。

雄性东方白鹳在远处的芦苇丛中缓步行走，不时将半张着的嘴插入水中。虽然东方白鹳喜欢群居，但在春夏繁殖季节，它们大多单独或成对觅食。在东方白鹳的食谱中，鱼类通常占80%以上。不过随着季节的不同，它们取食的内容也有所变化，在冬季和春季主要采食植物种子、草

根和少量鱼类，夏季的食谱则丰富许多。**5**

不经意间，独自外出的雄性东方白鹳闯进了一群同样正在觅食的丹顶鹤中。东方白鹳的身形与丹顶鹤有些类似，对于不了解这两种生物的人来说，如果只是远观，同样黑白色的主色调几乎难以分辨。不同于丹顶鹤的优雅，东方白鹳似乎随时保持着一种机警——虽然体型巨大，但东方白鹳性格安静，几乎不会主动招惹是非。**6**

除了外形，东方白鹳和丹顶鹤最大的不同在于前者不会鸣叫。它们没有如丹顶鹤一样能发出嘹亮歌喉的鸣管。所以，东方白鹳之间有一种特殊的交流方式——击喙。脖颈后弯，上下喙极速拍打，发出"嗒嗒嗒"的击打声。

伴随着击打声，东方白鹳两翅半张、尾羽向上竖起，两脚不停地走动，这一系列特有的动作能表达出不同的含义。

经历一个月的孵化，两只雏鸟破壳而出，虽然它们还需要两个多月的时间才具备自我生存能力，但因处于至高处，雏鸟已拥有了不一样的眼界和认知——下方经过的麋鹿群、空中飞过的各类鹭鸟都为它们展现了盐城湿地的美好。

或许长大之后，父母将会带着它们再一次体验迁徙的旅程，俯瞰更为广阔的世界。

[扫一扫]
东方白鹳用击喙等动作来交流。

6 下图　正在觅食的东方白鹳遇上了带着同样目的的丹顶鹤。你能分清其中哪只是东方白鹳，哪只是丹顶鹤吗？

第二篇
风中起舞，迁徙巡游

翘嘴"娘子"——反嘴鹬

反嘴鹬（学名：*Recurvirostra avosetta*），鸻形目反嘴鹬科，中型涉禽，体长 40 ～ 45 厘米。嘴黑色，细长而向上翘，故而得名。脚亦较长，青灰色。头顶从前额至后颈黑色，翼尖和翼上及肩部两条带斑黑色，其余体羽白色。主要以小型甲壳类、水生昆虫、蠕虫和软体动物等小型无脊椎动物为食。 **1**

1 上图　反嘴鹬悠闲地在水面打发着时间。它们的全身只有黑白双色，前额、头顶至后颈为黑色，翼尖、翼上及肩部有两条带斑黑色，其余体羽都为白色。（摄影 / 李东明）

初夏清晨，经过月光一夜的洗礼，空气变得更为通透，条子泥滩涂上形色各异的候鸟们活跃了起来。在众多以黑白为主色调的候鸟群中，一种同样黑白色但嘴巴上翘的中型水鸟大摇大摆地四处游走着，忽而在空中不停振翼疾速飞行，忽又一个猛子扎入水中，对应其特殊的嘴形，鸟类学家形象地将它们称为反嘴鹬。 **2** **3**

2 右图　全身黑白的中型水鸟在这儿大摇大摆地搜寻着目标，最吸引人的不是它们体羽的颜色，而是那奇特的向上翘的喙。（摄影 / 李东明）

3　反嘴鹬主要以小型甲壳类、水生昆虫、蠕虫和软体动物等小型无脊椎动物为食，所以这片滩涂对它们来说就是天然的"加油站"。（摄影 / 李东明）

生灵·奇境 | 中国盐城黄海湿地

鸟类的喙，是长期进化过程中适应生存环境和觅食习惯的结果。鸟类没有牙齿，也没有像兽类一样灵活的四肢，多数情况下，喙便成了捕食或筑巢的重要工具。食虫鸟类的喙通常短而有力。如果是食肉的猛禽，末端的弯钩就是撕咬的利器。而对于像反嘴鹬这样在水中捕食鱼、虾、蟹的涉禽来说，喙的长度和形状就格外重要。它们将喙深入水中，带有节奏感地左右扫动，搅动水底的泥沙，让藏在里面的底栖生物们无处可逃。在鸟类学家看来，反嘴鹬前端上翘、形若勺子的喙，在横扫时会与水面或泥面保持平行，这一"面接触"比直嘴啄食的"点接触""扫荡"的面积大了许多，大大提高了捕食效率。 **4** **5** **6** **7**

一对反嘴鹬夫妇相距约一米，自顾自地寻找着食物，但并未有任何发现。低着头专注觅食的它们彼此越靠越近。雄性反嘴鹬寻觅到了什么，将一条长长的沙蚕叼出了水面，但似乎有一股拖拽力让它停止了吞咽。沙蚕的另一边，另一个上弯的嘴用力撕扯着。不知是偶然还是故意，对于这来之不易的美味，雄性反嘴鹬大约只分到了这条沙蚕的四分之一。没有其他任何交流，它们又继续着标志性的"扫嘴"动作。

4 左上图 反嘴鹬并不会采用安静谨慎的觅食方式，相反，它们往往会大摇大摆地在水中寻找食物。

5 左下图 反嘴鹬采用的是"扎猛子"的方式来觅食。它们会将喙深入水中，带有节奏感地左右扫动，搅动水底的泥沙，让藏在里面的底栖生物们无处可逃。

6 下图 反嘴鹬独特的喙，能在横扫时保持与水面或泥面平行，大大提高了自己的捕食效率。

[扫一扫]
反嘴鹬夫妇争抢沙蚕。

7　在水中有节奏地左右摇摆便是反嘴鹬标志性的觅食动作。（摄影 / 李东明）

8 完成了优雅的踩背动作后，这对反嘴鹬正式结为了夫妻。（摄影 / 李东明 ）

除了觅食，这长而上弯的喙在求偶仪式中也是一个不可或缺的工具。与其他繁殖期雄性鸟类主动求偶不同，雌性反嘴鹬在此时似乎对交配更为迫切。一只雌性反嘴鹬走到配偶面前低下头，将喙紧贴水面，等待着对方的回应。但是雄鸟一直犹豫不决。几分钟后，踩背动作终于完成，两者迅速分离，最后以喙的相互触碰这一颇具仪式感的姿势结束，优雅如水上的芭蕾舞者。 8

一旦结为夫妻，家庭的责任感会让平素温顺的反嘴鹬变得好斗起来。在条子泥广袤的滩涂上，发生在繁殖期内的领地冲突几乎随处可见。反嘴鹬对巢的要求并不高，通常只是在裸露的地表上寻得一处凹坑，再草草垫上一些枯草或圆石便算完工。即便如此，仍会有其他同类试图"鸠占鹊巢"，对于入侵者，反嘴鹬毫不留情，或强势展翅示威，或高声鸣叫，直至将入侵者驱离。 9 10

[扫一扫]
反嘴鹬通过踩背的仪式，结为夫妻。

9 反嘴鹬通常就在裸露的地表上寻一处凹坑作巢，周围的植物也就成了反嘴鹬幼鸟的"保护伞"。（摄影 / 李东明 ）

10 仔细看这只雏鸟，除了和其他雏鸟一样毛茸茸外，它还有着标志性向上翘的长嘴。（摄影／李东明）

11 反嘴鹬一族将脑袋埋在厚厚的冬羽下，以此来抵御寒风，这样一幅安逸的画面为略显单调的冬日添上一丝温暖的感觉。（摄影／李东明）

等到夏季繁殖最为高峰的时候，条子泥滩涂上将布满鸟
类的巢穴。在这些众多的夏候鸟中，反嘴鹬数量很多，算不
上珍稀，但它们却是构成这片热闹景象的重要一员。 **11**

飞行冠军——斑尾塍鹬

斑尾塍鹬（学名：Limosa lapponica），鸻形目鹬科，中型涉禽，体长约35厘米，体重约260克。羽多棕栗色，喙红色，长且微微上翘，至尖端逐渐变为黑色。多栖息于沼泽湿地与海滩，以虾、蟹、贝类等为食。分布于欧亚大陆北部和北美，冬季飞抵非洲和大洋洲过冬，每年要进行两次长途迁徙。**1**

每年四月和五月间，当盐城黄海湿地的沙洲披上绿装时，整个海滨都忙碌了起来。刚出生不久的幼獐背部的白斑还没来得及褪去，白鹭们已开始忙着在枝头营巢筑窝，就连滩涂之下的大眼蟹也闻到了春的气息，一双若潜望镜的大眼睛也露出水面，警觉地扫视着四周……**2** **3**

突然，一群体态瘦小、毛色干枯，棕色尾羽夹杂着灰褐色横斑的鸟，出现在大眼蟹的视野之中。它似乎预感到了什么，一双大眼迅速缩回了洞穴。随即，更多的眼睛从水面上消失了，整个滩涂瞬间安静下来。

1 右图 斑尾塍鹬的喙为红色，长且微微上翘，至尖端逐渐变为黑色，这样细长的喙能让它们在滩涂上更方便地啄取虾、蟹、贝类等食物。（摄影 / 李东明）

2 下图 机警的大眼蟹悄悄地将眼睛伸出水面探查。

3 上图　春风为盐城黄海湿地的沙洲披上了绿装,生机充满了整个海滨。(摄影 / 李东明)

第二篇
风中起舞,迁徙巡游

4 有着超强飞行能力的斑尾塍鹬在经历了长途跋涉后，甫一落地便急不可耐地在滩涂上四处啄食。它们得赶紧补充能量和休息。（摄影／李东明）

大眼蟹的预感无疑是准确的，这群长着红色长喙、毛发凌乱的鸟儿，甫一落地便急切地在滩涂上四处啄食。对它们来说，这一程旅途太过遥远，它们急需补充能量。**4**

这是一种被称为斑尾塍鹬的鹬科鸟类，因尾羽上的灰褐色横斑而得名。但比这一名字更为人所熟知的，是其超强的飞行能力——它们又被称为鸟类的"飞行冠军"。

"八千里路云和月"，用这一名句来形容斑尾塍鹬的迁徙之路再合适不过了。

斑尾塍鹬保持着鸟类不间断飞行距离的世界纪录。曾有记录显示，2007年一只脚环编号为"E7"的雌性斑尾塍鹬用了8天的时间，飞行约11700千米，跨越太平洋，从繁殖地美国阿拉斯加飞到了越冬地新西兰，中间没有停歇过一次。**5**

不过，这一记录在13年后被打破。2020年9月，一只代号为"4BBRW"的斑尾塍鹬同样从美国阿拉斯加起飞，11天后降落在新西兰，整整飞行了约12200千米。之所以同样的路线多飞了近500千米，是因为风把它吹向了澳大利亚，它不得不绕路重新飞向自己的目的地。

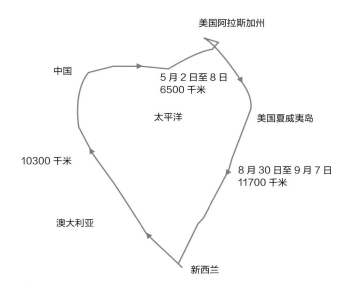

美国阿拉斯加州

中国

5 月 2 日至 8 日
6500 千米

太平洋

美国夏威夷岛

8 月 30 日至 9 月 7 日
11700 千米

10300 千米

澳大利亚

新西兰

5　2007 年，脚环编号为 "E7"
的雌性斑尾塍鹬迁飞的路线示意图。

这样的极限挑战，耗尽了出发前囤积的脂肪，到达目的地时，斑尾塍鹬的体重减少了近一半。这几乎是对生命的燃烧，坚持下来的斑尾塍鹬必须尽快补充能量恢复体力。于是，沿途开阔而洁净的湿地滩涂就成了它们最好的驿站。

除了中国北方的丹东鸭绿江口，一些北飞的斑尾塍鹬也会选择在江苏盐城黄海湿地的沙洲停留。那些刚刚抵达的斑尾塍鹬往往稍作休息便开始觅食，条子泥低潮时潮间带上出露的蟹、虾、沙蚕和贝类等就成为它们最好的能量来源。依靠这些营养丰富的食物，短短几天内，在条子泥歇脚的斑尾塍鹬便可以把自己喂胖一倍，接着踏上下一段旅程。 **6**

白天，斑尾塍鹬通过阳光来定位，夜间则通过辨识星光确认方向。无论是在北半球还是在南半球，它们都对天空的变化了如指掌。不仅如此，斑尾塍鹬还懂得选择在顺风的大气层中飞行来提高飞行效率，这都是它们长途旅行的秘诀。

　　飞过云海，越过星河。从东亚至澳大利西亚，这样来回的迁徙和停留在斑尾塍鹬的生命中不断循环往复。

6 在滩涂饱餐一顿后，又到了该启程的时候。斑尾塍鹬需要继续自己的旅途，往更远的目的地飞去。（摄影 / 李东明）

探戈"舞者"——环颈鸻

环颈鸻（学名:*Charadrius alexandrinus*），鸻形目鸻科，体长约 16 厘米，属中小型涉禽，迁徙性鸟类，具有极强的飞行能力。羽色为灰褐色，常随季节和年龄而变化。雄性成鸟枕部至后颈呈沙棕色或灰褐色，后颈具一条白色领圈。常栖息于海滨、河滩、湖泊等湿地，迁徙期集群活动，有时与其他小型鸻鹬类结群觅食，以蠕虫、昆虫、软体动物为食，兼食植物种子、植物碎片等。 **1**

秋风将候鸟们再次带回了条子泥，滩涂上出现的一只四处疾走的"大眼仔"，给这片洁净的海滩留下了一串长长的脚印。这是刚刚换上了冬羽的环颈鸻。

在各种嘴形极具特色的鹬鸟面前，鸻鸟的形态就显得有些不起眼了。鸻鸟的特性均为嘴短、颈短，不同于鹬鸟可以将长嘴深入泥沙深处探寻沙蚕等底栖生物，大多数时候鸻鸟只是猎取滩涂表面的食物。不过头大、眼大的特点也让鸻鸟们多了几分机敏。 **2** **3**

1　机敏的环颈鸻在滩涂上快速奔走，又不时猛然停下。站立时，周围任何细小的动静都逃不过它的眼睛。

2　环颈鸻枕部下方两侧棕灰色的半胸带好似一条温暖的围巾，足以抵御南方湿冷的冬季。这一独特之处，突显了它与其他鸻鸟的不同。（摄影／李东明）

3   不同于有着长嘴的反嘴鹬，环颈鸻这样的小型涉禽，因为嘴短、颈短，大多只能吃到生活在滩涂表面的软体动物、植物种子和植物碎片等。

要从众多同属中区分出环颈鸻来，考验的是观察者的细心和眼力。这只身披厚厚冬羽的环颈鸻，腿为黑色，拥有白色的颈环（但没有夏季那么明显）——"环颈鸻"由此得名。枕部下方两侧棕灰色的半胸带好似一条温暖的围巾，足以抵御南方湿冷的冬季。这些独特之处，是和其他鸻鸟的主要区别。

机敏的环颈鸻在滩涂上快速奔走，又不时猛然停下。静止时，周围任何动静都逃不过它的眼睛。虽然这片广阔的滩涂仅为候鸟们迁徙路上的中转站，但绝对不能小觑这短暂停留的巨大作用。经过长时间的飞行，这些体型小巧的鸟儿们的能量几乎消耗殆尽，急需一顿大餐来犒劳自己。

此刻的泥沙之下，底栖生物们似乎已预感到危险的来临，迅速躲避到深藏地下的洞中。对于环颈鸻来说，没有利于探寻的长喙，就必须另寻他法——"抖腿"就是它的秘密招数。这只环颈鸻选定好位置，伸长细腿开始抖动，通过震动来引诱出泥沙之下的小生物。几次换位尝试之后，终于达到了目的，一双大眼很快就锁定了钻出水面的猎物。 4

[扫一扫]
环颈鸻的捕食秘籍——"抖腿大法"。

4　可别小瞧环颈鸻，聪明的它能利用"抖腿"的方式来弥补没有长喙的缺陷。

猎物就在眼前，比拼反应速度的时候到了。在环颈鸻的绝对速度面前，大眼蟹就好像被套上了慢动作特效，根本来不及躲藏，任凭它如何挣扎都无力逃脱。这巴掌大小的小鸟，竟毫不费力地战胜了有着坚硬外壳的对手，将其吞下了肚。

相对于捕食时的机智果敢，环颈鸻在营巢建窝上就显得有些漫不经心了。不过，这同样隐含了它们的生存智慧。环颈鸻的巢非常简单——在地面刨出一个浅浅的小坑，再从附近衔来一些小石子或碎贝壳垫上，便是它们产卵孵化的场所了。环颈鸻的卵和鹌鹑蛋差不多大小，黄褐色的卵壳上缀有不规则的黑色斑纹，这是极佳的保护色，在同样黄褐色的地面上与背景完美地融为一体，使天敌难以发现。

在孵化期间，为了躲避天敌，环颈鸻也会玩起各种"花样"。捕食归来的环颈鸻明明离自己的窝巢已近在咫尺，可是却故意绕到很远的地方，不断地停留在几个根本没有巢穴、没有卵的地方假装孵化。几次重复，在确认没有危险之后，才会回到真正的窝巢中，轻轻地蹲下身子。这种摆脱"敌人"的招数，颇有些特工的感觉，让人忍俊不禁。

不仅是孵化，在遇到危险时，环颈鸻通常装扮成受伤的样子，将一侧的翅膀耷拉在地面，以麻痹那些只以活物为食的猛禽。凭借这些小伎俩，环颈鸻获得了滩涂上的"古怪精灵"的称号。

时间很快就会随着潮水流走，候鸟们与这片土地的离别在所难免。环颈鸻很少成为留鸟，它们的繁殖地远在北部的渤海湾。在那里，这些精灵古怪的小家伙们将把在盐城湿地获得的滋养演化成新的生命，完成又一次的迁徙轮回。

黑面"舞者"——黑脸琵鹭

　　黑脸琵鹭（学名：*Platalea minor*），鹳形目鹮科，俗称饭匙鸟、黑面勺嘴。因其扁平如汤匙的长嘴，与中国乐器中的琵琶极为相似，因而得名"黑脸琵鹭"；亦因其姿态优雅，又被称为"黑面天使"或"黑面舞者"。琵鹭亚科的鸟类共六种，其中黑脸琵鹭数量最为稀少，属全球濒危物种之一，仅见于亚洲东部。其特征是全身羽毛大体上为白色，有黑嘴和黑色腿、脚，前额、眼线、眼周至嘴基的裸皮黑色，形成鲜明的"黑脸"。 **1**

　　江苏盐城东台条子泥，黑脸琵鹭集群而来。它们缓慢地扇动着翅膀、颈部和腿部伸直，姿态从容优雅。好似使者一般，黑脸琵鹭的迁徙路线串联起了中国从北到南的海岸线。也因为它们的存在，使得这些地区的人们多了一个共同的话题——努力改变黑脸琵鹭的生存现状。 **2**

1 黑脸琵鹭因为它形如汤匙的长嘴，与中国乐器中的琵琶极为相似而得名。（摄影／李东明）

2 白脸琵鹭常与黑脸琵鹭混群，不同的是，白脸琵鹭的嘴端为黄色，而黑脸琵鹭的长嘴是黑色的。（摄影／李东明）

第一次见到黑脸琵鹭的人，恐怕很难找到合适的词汇来形容它的长相——奇怪的身形比例，通体白色；面部和嘴均为黑色，因颜色近似而融为一体；头部羽毛四散飘逸，眼部虹膜深红……这如同来自外星球的生物，有着怪异的长相，却也散发着些许难以描述的美感。透过水草仔细端详远道而来的它们，竟然有那么一丝"犹抱琵琶半遮面"的东方古典韵味。 **3**

甫一到达，黑脸琵鹭就迅速占领了一处开阔的水面，但这里已有其他水鸟捷足先登。白鹭正站立水中寻觅鱼虾，大批不速之客的突然到来让它们始料不及，还未来得及做出任何驱赶动作，黑脸琵鹭们就已经排成一排，半张着嘴深入水中，左右摇摆着头，用那标志性的如同琵琶的大嘴探寻着水底的鱼虾蟹。一旁的白鹭早已看傻了眼，丝毫不想主动招惹这些身长有六七十厘米、黑着脸的怪家伙。 **4 5**

4 右上图　黑脸琵鹭的到来让早已到这儿的白鹭始料不及，还没等白鹭做出什么反应，黑脸琵鹭就已经急不可耐地开始觅食了。（摄影／李东明）

3 下图　黑脸琵鹭的头部羽毛像是一头长发四散飘逸，脸部和嘴部都为黑色，虹膜是深红色，这样的长相透露出一丝奇怪的美感。（摄影／李东明）

5 右下图　它们的进食方式堪称豪迈——半张着嘴深入水中，左右摇摆着头，用那标志性的大嘴探寻着水底的鱼虾蟹。（摄影／李东明）

这群黑脸琵鹭中，有的拖家带口，有的孑然一身，这里是它们迁徙路上短暂的停留地之一。有些性急的单身汉仅休整几个小时便再次启程，但大部分同伴还是被条子泥丰富的食物吸引，决定多留一段时日。急切的觅食结束，黑脸琵鹭来到相对干燥的泥地上，或单腿站立，或跪着，或完全卧下，扭头将嘴埋入羽翼中，慢慢进入梦乡，旅途的疲惫随之一点点散去。**6**

虽然在不少地区时常能听闻黑脸琵鹭出现的消息，但其实这一物种数量稀少，早已被列入濒危保护名单。1994 年全球最早的普查记录显示，当时黑脸琵鹭仅有 300 只左右。1999 年，大连庄河石城乡的形人坨岛上，临海的一面凹陷崖壁上，黑脸琵鹭的巢窝第一次被鸟类学家发现，那里也是目前所知它们在中国唯一的繁殖地。10 月繁殖季结束，幼鸟逐渐成长，在具备了长途飞行的能力后，便即刻跟随父母踏上迁徙的旅途。

条子泥的水面在不经意间泛起了金黄色的涟漪，黑脸琵鹭白色羽毛反衬出的光芒似乎寓意着物种的希望在延续。**7**

6 急切的觅食结束，黑脸琵鹭来到泥地上，或单腿站立、或跪着、或完全卧下，扭头将嘴埋入羽翼中，伴随着香甜的梦，旅途的疲惫随之一点点散去。（摄影 / 李东明）

7　条子泥的水面在不经意间泛起了金黄色的涟漪，黑脸琵鹭白色羽毛反衬出的光芒似乎寓意着物种的希望在延续。（摄影／李东明）

精巧小诗——白鹭

白鹭（学名：*Egretta garzetta*），鹈形目鹭科，中型涉禽。白鹭专指"小白鹭"，和中白鹭、大白鹭同为鹈形目鹭科。白鹭体羽皆是全白，体长52~68厘米，喙及腿黑色，趾黄色，颈背具细长饰羽，背及胸具蓑状羽。它们常栖息于海岸及沿海附近的江河、湖泊等地，成大群营巢，主要以各种小型鱼类为食，也吃虾、蟹和水生昆虫等。

微风吹散了热浪，湿地中传出虫鸣，"沙沙"作响的芦苇丛中夹杂着的布谷鸟报时般的鸣叫，提醒着这片土地上的所有生灵，夜晚即将来临。一行白鹭振翅飞过绵延的芦苇滩，映衬着火红的落日，仿若在西边的天空中铺就了一幅巨大的剪影。

郭沫若先生有一篇名为《白鹭》的散文，文中写道："黄昏的空中偶见白鹭的低飞，更是乡居生活中的一种恩惠。那是清澄的形象化，而且具有生命了……"

在盐城湿地自然感受不到文中那份乡居生活的意境，但挂在天边的那幅剪影，却也更传神地传递了郭沫若先生对白鹭的比喻——一首精巧的、蕴在骨子里的散文诗。 **1** **2**

1 这里保留了最原始的自然生态环境，这一家白鹭就选择在这里建造自己的"小家"，繁育后代。

2 白鹭全身羽毛都为白色，颈背具细长饰羽，背及胸具蓑状羽，站立在枝头时，就像是披着蓑衣的江湖侠客。

白鹭是最为常见的鹭科鸟类，即便在城市中也总能见到它们的身影。它们羽色皆为白色，经常出现在文学作品中，映射出作家对白鹭独特的喜爱。这样一种随处可见的水鸟，也有许多鲜为人知的一面。**3** **4**

羽翼洁白的鹭鸟，是检验生态环境是否优良的标志性物种。因为城市的扩展，江南诗画中"一行白鹭上青天"的场景一度难觅踪迹。江苏盐城湿地保留了最原始的自然生态环境，自然就吸引了白鹭家族集体迁至这里，占据了林木高处建造巢窝。由于数量众多，不同巢窝之间相距极近。

远远望去，整个树林像繁星点缀的夜空，那些不安分的小白点儿，是刚刚集体归巢的鹭鸟。它们叽叽喳喳地聚集在一起，或耳鬓厮磨，或嬉戏打闹，但也总有性格沉稳者默默地独立在枝头。**5**

3 在这里，你能看见白鹭鲜为人知的一面。（摄影／李东明）

这只大白鹭在寻找食物，水下的鱼虾难逃它迅猛的啄食。（摄影／李东明）

　　栖居这样，觅食亦如此。白天，一只白鹭在浅水中寻找食物，水没过它的腿，长长的喙轻点水面。这位孤单的觅食者看似行动随意，但一双精明的眼睛时刻注意着水面下的动静。一旦鱼虾出现在它的视线范围内，几乎难逃厄运。不同个体有着不同的捕食方式，有些白鹭则喜欢在岸边"守株待兔"，它们在风中伫立，低头注视水中，仅有枕部的长条冠羽和肩背部的"蓑衣"状饰羽随风飘动。只要有小鱼游过，它们就会迅速出击。无论哪种捕食方式，都不仅仅是为了补充能量，更多的是为了在这个繁殖季哺育雏鸟。

5 喜爱群居生活的白鹭选择在拥有原始自然生态环境的盐城湿地生活。由于数量众多，它们的巢窝之间相距极近，远远望去，整个树林就像繁星点缀的夜空。

初夏，树丛上充斥着雏鸟的叫声，整个湿地都变得聒噪起来。雨季即将到来，它们必须赶在大风大雨来临之前丰满自己的羽翼。树丛最顶端的巢中，三只白鹭雏鸟相互依偎，等待着亲鸟回来喂食。但这样温馨的场景并没有持续太久，无聊的白鹭宝宝们很快就找到了新的游戏以消磨时间。枝头不断上下晃动，大胆的雏鸟走出了巢窝，两只爪子紧紧抓住细嫩的枝条，颤颤巍巍地往上攀爬，还未长齐的羽翼不时扑腾两下，借此保持平衡。雏鸟爬到了上方，和邻居家的小伙伴玩闹起来。它们用尖锐的喙相互啄打着，或许因为年纪尚小还有些不知轻重，这场战斗看上去异常激烈，本就还没有顺滑的羽毛因为打斗而更加凌乱。 ■ 6

亲鸟的回归让这场打斗瞬间结束，雏鸟们迅速把注意力转移到了食物上。亲鸟如魔法般吐出贮存在嗉囊中的小鱼后，立刻被雏鸟们包围，只有一只雏鸟能首先独享这美味。喂食结束，还有好几个孩子饿着肚子，亲鸟只得再次离开，进行下一次的捕食。

飞离雏鸟，白鹭独伫枝头，享受这片刻的休息。阳光透过茂密的枝叶斑驳地撒在白鹭洁白的羽毛上，竟有一种孤傲的美。正如郭沫若先生在作品《白鹭》中所说："然而白鹭却因为它的常见，而被人忘却了它的美。"

作为一首精巧的散文诗，随着斗转星移、四季轮回，盐城湿地的白鹭早已融入了这片纯净的土地。 ■ 7

■ 7 右图 白鹭伫立在枝头，享受着独处的时光，显得格外孤傲，也为这片土地增添了一种诗意的美。

■ 6 下图 大胆的雏鸟走出了巢窝，两只爪子紧紧抓住细嫩的枝条，颤颤巍巍地往上攀爬，还未长齐的羽翼不时扑腾两下，借此保持平衡。这就是它们用以打发时间的游戏之一。

暗夜"大盗"——夜鹭

夜鹭（学名：*Nycticorax nycticorax*），鹈形目鹭科，中型涉禽，体长约 55 厘米，较粗胖，颈较短；嘴尖细，微向下曲，黑色；胫裸出部分较少，脚和趾黄色；头顶至背黑绿色而具金属光泽；上体余部灰色；下体白色；枕部披有 2～3 根长带状白色饰羽，下垂至背上，极为醒目。喜结群，夜出，主要以鱼、虾等动物性食物为食。

在盐城滨海湿地，白鹭们的栖息地是一片茂密的丛林，被称为"黑森林"。一大早，整个"黑森林"就已沸腾，飞进飞出的繁忙景象夹杂着喧嚣的聒噪，让沉睡的土地苏醒了过来。

树枝摇曳，水面泛起涟漪，大批鹭鸟开始了一天的劳作——求偶筑巢、捕食进餐。

除白鹭外，占据这里大部分领地的，是一群长相奇特的鹭鸟——枝头上，一双红色的眼睛正张望着四周，即使周遭吵吵闹闹，它也不为所动。这是夜鹭，虽不如白鹭那样出名，却也是一种数量庞大的群居性鸟类，时常出没于江河、水田等平原和低山丘陵地带。**1**

和白鹭的洁白不同，成年夜鹭头顶至背羽皆为墨绿色，腿和脚趾一般为浅黄色。偶尔探头的动作暴露了它颈部较短的形态，整个身形也因为"没有脖子"而显得粗胖。头上两三根白色饰羽随风飘动，这是它们吸引伴侣的利器，也为它们带来了一丝灵动。**2**

1 上图　一只成年夜鹭站在枝头呼唤着幼鸟，而幼鸟站在鸟巢旁紧张地观察着周围的环境，身后隐约可见白鹭的身影。

2 右图　与白鹭不同的是，成年夜鹭的眼睛是艳丽的红色，从头顶到背都是黑绿色的，最醒目的是夜鹭披在枕部的两三条长长的白色饰羽。

第二篇
风中起舞，迁徙巡游

夜鹭的得名，与它的捕食习性有关。夜鹭是少数具备夜视能力的鸟类之一。每当夜幕降临，成群的夜鹭便倾巢出动，在没有了竞争对手的开阔水面上自由自在地捕食，待天色渐亮，又集体回巢。但对于处在繁殖期的夜鹭们来说，现在还不到休息的时候，它们必须争分夺秒地筑造自己的巢窝。

筑巢用的树枝，是成年雄性夜鹭用来求偶的最好礼物。一只刚刚成年的年轻雄性夜鹭几经周折，终于用尖锐的喙折断了一根在它看起来还不错的树枝。几乎一刻都没有停留，年轻夜鹭轻盈地起飞，落在心仪对象的身边。衔着枝条的喙不断摩擦触碰对方，向其示好。矜持的对方不拒绝也暂时没有接受，任其在周围行动。持续了五六分钟后，坚持不懈的夜鹭终于得到了对方的回应，对方接过枝条，放置于枝杈上，这是它们爱巢的第一根枝条。接下来，它们将互相配合，一个外出衔枝，一个编织建造，直到完工。

不过到了春末夏初，平素里昼伏夜出的夜鹭也会在白天出现。此时，它们已开始生儿育女，需要大量食物喂养幼鸟。除了这个阶段，更多时候夜鹭大都缩着并不算长的脖子，弓着背，长时间静静地站立在枝头，像是在盘算着什么，又或是在思考"鸟生"。只有当感觉到有危险临近，

才会从枝叶中冲出，边飞边鸣，叫声单调而粗犷。 **3**

　　夜鹭作为一种群居性夏候鸟，不仅和同一种群栖居在一起，还会和其他鹭鸟混居。在盐城湿地，"黑森林"就是它们共同的家园，最多时，树林中会有几十个巢窝，密密麻麻，蔚为壮观。

　　大片绿色枝叶下，能看到不远处绽放着的金黄色油菜花；枝头上，鹭鸟们各自忙碌。待夕阳西下，夜鹭也将再次出发。这个夏季，它们只有一个目的——孕育出后代，而后共同启程。 **4**

3 与成鸟不同，夜鹭亚成鸟有着另一种相貌——身披褐色纵纹及点斑。虽然处在不同时期的夜鹭的样貌差异巨大，但它们在白天有一个共同的爱好——缩着并不算长的脖子，弓着背，伫立在枝头。

4 夜鹭作为一种群居性夏候鸟，不仅和同一种群栖居在一起，还会和其他鹭鸟混居，"黑森林"自然就成了它们共同的家园。

第二篇
风中起舞，迁徙巡游

云水 "渔师" ——鸬鹚

普通鸬鹚（学名：*Phalacrocorax carbo*），习称鸬鹚，鲣鸟目鸬鹚科，大型食鱼游禽，善潜水。通体黑色，头颈具紫绿色光泽，两肩和翅具青铜色光彩，嘴角和喉囊黄绿色，眼后下方白色，繁殖期间脸部有红色斑，头颈具有白色丝状羽，下胁具白斑。嘴粗壮且长，锥状，先端具锐钩，适于啄鱼，下喉有小囊。 **1**

夜幕低垂，林木和天空交界之处，一大片黑鸟喧嚣着压了过来，密集程度让原本安静唯美的盐城湿地的傍晚瞬间变换了一种基调，如同大城市的晚高峰，拥挤而嘈杂。

黑鸟们纷纷落在枝头，长长的钩状嘴、似鸦的体型、全身覆盖深色羽毛……曾登上小学课本的鸬鹚 "收工" 了。

同在 "黑森林"，春天是鹭鸟的天地，到了深秋，这里则成了鸬鹚的欢场。

在《本草纲目》中，李时珍几乎完美地诠释了这一物种的特性：

鸬鹚，处处水乡有之。似鹢而小，色黑。亦如鸦，而长喙微曲，善没水取鱼，日集洲渚，夜巢林木，久则粪毒多令木枯也。南方渔舟往往縻畜数十，令其捕鱼。 **2**

小学课本中的那篇短文，虽没有过多描述鸬鹚的生物学特征，但寥寥数语就勾勒出了一幅渔舟唱晚的乡村画卷，更生动描绘了鸬鹚与渔人的亲密关系——这种大鸟似乎是天生为捕鱼而来，也因此，它们被称为云水 "渔师"。

1 右上图　极目远眺的鸬鹚静默地站在树枝上，全身覆盖着泛着金属光泽的深色羽毛，它的嘴长且粗壮，嘴尖还有着像鹰一样的锐钩。

2 右下图　这只大鸟惬意地在水面游荡着。（摄影 / 陈国远）

每年秋冬季，当栖息在盐城湿地里那片"黑森林"的鹭鸟们飞走后，来此补充能量越冬的鸬鹚就接管了这里。与鹭鸟的随性不同，鸬鹚日出而作，日落而息，像极了早出晚归的人们。

擅长捕鱼是鸬鹚的看家本领，没有被驯化过的野生鸬鹚更是充分展现了这一能力。清晨随苍鹭而出的鸬鹚并不急于投入"工作"，而是先在水面上淡定地观望，待发现目标后迅速借助脚掌推力半跃出水面，复迅疾反身潜入水下。再出水时，鸬鹚那如钩似锥的嘴里已多了一条还在挣扎着的小鱼。一旁的鸬鹚则展现了"水上漂"的功夫——脚掌贴着水面，挥动翅膀在水面上"行走"，实则是在审视着水下猎物的一举一动。而在水下时，鸬鹚会收紧羽毛，两只大脚在身后划水推进，如鱼雷般快速穿梭，偶尔翅膀也会半张开来，用以帮助急转弯，或者扑动几下加速前冲。 **3** **4**

3 擅长捕鱼是鸬鹚的看家本领，它如钩似锥的嘴里已多了一条挣扎着的小鱼。（摄影／陈国远）

鸬鹚脚掌贴着水面，挥动翅膀展示"水上漂"的功夫，实则是在审视水下猎物的一举一动。（摄影 / 陈国远）

　　在分类学上，鸬鹚属于鹈形目，这个家族的"老大哥"鹈鹕的知名度更高一些，唐代诗人元稹的《独游》中就有对鹈鹕的描写——"鹈鹕满春野，无限好同声"。和鹈鹕长嘴下挂着的大皮口袋类似，鸬鹚的喉部也有一个皮囊，不过相对要小一些。这个家族的成员还有一个重要特征，那就是脚都为"全蹼足"，四个脚趾之间均有蹼相连；而常见的蹼足多数都如鸭子那般，只有前面三个脚趾之间有蹼。这样的"全蹼足"能为鸬鹚的水下活动提供更充足的推进力。

　　鸬鹚们以各自不同的节奏和栖居在盐城湿地的其他鸟类共享着这里富足的食物。但与其他水鸟不同，鸬鹚的羽毛并不具备防水功能。通常来说，鸟类的飞羽、尾羽和体羽的末端层层相叠能够起到一定的防水功能，除此之外，最重要的是它们能够通过尾脂腺分泌油脂。鸟儿们用喙在理毛的过程中将油脂涂抹全身，能够起到很好的防水效果。但鸬鹚的尾脂腺并不发达，每一次捕食之后羽毛都会湿透，这时候它们就会出现另一种独特行为——晾晒羽毛。 **5**

　　"鸬鹚西日照，晒翅满鱼梁"，唐代诗人杜甫描绘的画面此刻正在上演。鸬鹚如列队的士兵般站立在岸边的一根枯枝上，展开翅膀，来回扇动，以加快晾干羽毛的速度。夕阳西下，暗色的羽翼反射出了不一样的光泽，直到羽毛完全干透后，鸬鹚们才会投入下一轮捕食。

　　鸬鹚在全世界都有广泛的分布。在这里生活的这一群鸬鹚，除了让冬季的盐城湿地多了一种早晚群鸟齐飞的别样景致外，春夏鹭鸟繁殖、秋冬鸬鹚越冬的共享方式，也再次印证了盐城湿地的优质生态环境对各种生物的巨大吸引力。 **6**

5 闲暇时，鸬鹚会呆呆地伫立在枝头，这其实是它们在等待全身羽毛干透。

生灵·奇境 中国盐城黄海湿地

6 鸬鹚站在高高的枝头，一旁还有弓着身子的夜鹭。这样一幅和谐的画面印证了盐城湿地优质生态环境的巨大吸引力。

第二篇
风中起舞，迁徙巡游

湿地"隐士"——黑嘴鸥

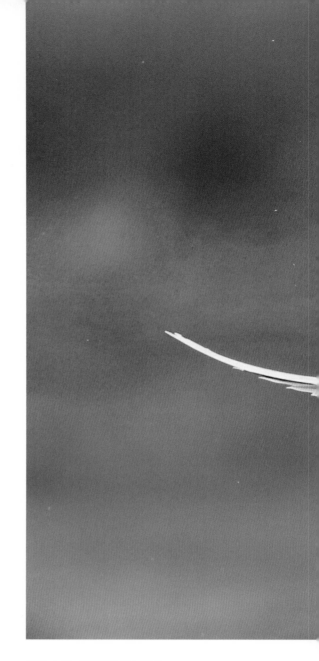

黑嘴鸥（学名：*Saundersilarus saundersi*），鸻形目鸥科，全长约35厘米。头和上颈黑色，眼下有白色小斑，背、肩及腰淡青灰色，下颈、胸及腹白色，尾亦白色。在碱蓬滩地面上用枯碱蓬筑皿状巢，每窝产卵多为3枚。黑嘴鸥仅分布于东北亚地区，除在韩国有少数种群生存外，主要分布在中国的江苏盐城条子泥、山东东营黄河口、辽宁辽河口等自然保护区。 1 2

秋日的条子泥海滨，一如被打翻的调色盘，五颜六色、姹紫嫣红。其中，最绚丽的那一抹由一种名为碱蓬的植物绘就，宛若给广袤的滩涂铺上了一张无边无际的红毯。

这种一年生植物最高可达1米，强大的吸盐能力让它们能充分享受这片特殊土地带来的滋养，饱满而茂密。就在几个月前，碱蓬刚刚从地里冒出了头，似乎就是为了迎接造访这里的一群呆头呆脑的小鸟儿——黑嘴鸥。正值繁殖季节，它们在红绿交错的盐碱地上四处奔走忙碌。一旦两情相悦，雄性黑嘴鸥便轻盈地跳上雌鸟的背，上下交叠，优雅展翅。

1 上图 黑嘴鸥头和上颈黑色，眼下有白色小斑，背、肩及腰淡青灰色，下颈、胸及腹白色，尾亦白色。（摄影／李东明）

2 右下图 这种机警的小鸟对外来物种异常敏感，一旦有其他生物入侵领地，它们就会集体起飞、鸣叫。（摄影 / 李东明）

第二篇
风中起舞，迁徙巡游

黑嘴鸥在中国的繁殖地直到 20 世纪 80 年代中期才被确定。1988 年 5 月，鸟类专家施泽荣在江苏盐城首次发现黑嘴鸥卵的踪迹，证明这里是它们的繁殖地之一，也由此揭开了它们曾不为人知的生活状态。

由于将巢直接筑在低矮的碱蓬丛中，卵自然也"无处藏身"，这让处于繁殖期且体型较小的黑嘴鸥，对外来物种异常敏感。因此，一旦有其他生物入侵领地，黑嘴鸥们便集体起飞，鸣叫着，以"声波攻击"驱赶对手。第一波警告结束，盘旋的黑嘴鸥如鱼雷般猛地俯冲，从入侵者头顶掠过，接二连三，直到对方悻悻地离开。

经过大约 21 天的孵化，一只只雏鸟破壳而出。盐碱地已和一个月前大不相同，碱蓬又茂密了一些，地面上也多了很多四处乱窜的小家伙。虽然雏鸟还不会飞行，但对这个世界充满了好奇。一只刚刚还安卧在巢里的雏鸟突然起身，踉跄着脚步，以一种难以预判的行动轨迹迅速"逃离"了家园。此时的雏鸟，头顶还未变黑，羽色微微呈灰褐色，借助盐碱地的伪装，竟然成功躲过了正在觅食的亲鸟的视线。

沙蚕是黑嘴鸥最爱吃的食物之一。如果把小鱼、小虾、螃蟹比作黑嘴鸥的"粗食"，那么这种以湿地微生物为生、富含蛋白质的软体动物，就是它们的"细粮"。经过短暂的悬停，一只黑嘴鸥选定了捕食区域。收起羽翼，脚步快速移动，黑色的头略显机械式地扭转，竟有一丝"卓别林"的诙谐感。一旦发现目标，黑色的嘴迅疾深入淤泥，瞬间便叼起了一条沙蚕。 **3**

3 下图 黑嘴鸥选定了捕食区域，收起羽翼，脚步快速移动，黑色的头略显机械式地扭转，竟有一丝"卓别林"的诙谐感。（摄影 / 李东明）

4 上图 经过大约 21 天的孵化，这两只雏鸟破壳而出。雏鸟们虽然还不会飞行，但对这个世界充满了好奇。此时的雏鸟，头顶还未变黑，羽色微微呈灰褐色，能很好地在盐碱地这样的环境中伪装自己。（摄影 / 李东明）

[扫一扫]
进入繁殖季，黑嘴鸥夫妻的日常生活。

虽说食物无虞，可黑嘴鸥的繁殖季恰好遇上中国南方的梅雨季节，亲鸟哺育后代的任务艰巨了不少。持续几天的降雨让遍生碱蓬的滩涂上布满了水坑，这对还只会行走的小黑嘴鸥来说是一次关乎生存的挑战。面对如此复杂的生存环境，雏鸟不再调皮，大自然的威力让它学会乖乖地在原地等待父母。但站在这布满水坑的盐碱地上并不好受，它几乎三分之一的身体都浸泡在水中，羽毛也被吹得凌乱不堪。4

小黑嘴鸥终于等到了觅食归来的亲鸟，又冷又饿的它们急切地跟在亲鸟身后讨要食物。自然界的法则让它们必须学着快速长大，等到 9 月，小黑嘴鸥就将跟随父母飞离繁殖地。那时候，碱蓬变高变密，已不再适合它们生活。

在一片火红的衬托下，一群黑白的黑嘴鸥起飞，点缀了天空。条子泥的盐碱地安静了下来，不再有张大嘴互相叫嚣的同伴，也不再有嗷嗷待哺的雏鸟，热闹的景象随着黑嘴鸥的离开而暂时告一段落。5

来年，红色褪去，一切又将重新开始。

5 在自然界的法则下，一群黑嘴鸥再次起飞，丰饶的条子泥也安静了下来。来年，当它们又回归时，这里又将是一片热闹的景象。（摄影 / 李东明）

第二篇
风中起舞，迁徙巡游

爱情楷模——白额燕鸥

白额燕鸥（学名：*Sternula albifrons*），鸻形目鸥科，迁徙夏候鸟。体长22～27厘米，体重55～60克。夏羽头顶、颈背及贯眼纹黑色，额白，故得名。常栖息于海岸、河口、沼泽，多集群活动，以鱼、虾、水生昆虫为主食。

水面中央泛起涟漪，空中的捕食者伺机而动。一个俯冲，白额燕鸥扎入水面，这次捕食关系着它能否赢得心仪对象的青睐。

在江苏大丰麋鹿国家级自然保护区中的一个小岛上，生活着300余只白额燕鸥。作为夏候鸟的它们，此时正迎来繁殖季的高潮——这处不足100平方米的小岛上鸟巢密集，多达上百个。

要想在众多竞争者中脱颖而出并不是件容易的事情，白额燕鸥必须使出全身解数，才有机会在这处小岛上构建属于自己的家。▊1

一头浓密的"黑发"中，一处从喙基沿着眼线向上至额头正中央的明显的白羽，让白额燕鸥多了几分俏皮和时尚感，也成为区分其他燕鸥家族成员最明显的特征。▊2

除了每年往复于南北半球的长途迁徙，体长不过30厘米、体重仅约60克的白额燕鸥在日常捕食时也展示出了非凡的飞翔能力。在发现猎物（大多数是鱼类）后，白额燕鸥常常以垂直俯冲的方式直入水面，甚至潜入水中，直到猎物到嘴，才又扶摇直上，从水面迅速拉升至空中。

▊1 上图 白额燕鸥在这处小岛上建造了属于自己的小家。

▊2 右下图 白额燕鸥体型略小，头顶黑色，尾白色并分叉，似家燕。

不过，相比优雅的捕食行为，白额燕鸥的"家"就显得寒酸了不少，碱蓬稀疏、土质干燥的盐碱地上的一处浅凹便可以被用来当作新房，至多在里面垫上一层枯枝败叶。在"成家"之前，白额燕鸥的求偶仪式却在浪漫中透着一丝庄重。

3 上图　成功捕鱼归来的雄鸟
并没有选择独享美食，而是用这
一战利品向它的心仪对象示爱。
（摄影 / 李东明）

　　成功捕鱼归来的雄鸟降落在心仪的雌鸟面前，小心翼翼地试探着将食物递给对方。对于这送到嘴边的美味，雌鸟毫不客气。看着爱人接过食物，雄鸟昂首挺胸，做出亲昵的姿态。不仅是白额燕鸥，整个燕鸥家族都有一个有趣的现象——雄鸟大都对雌性关爱有加。在求偶时，雄鸟总是极力讨好雌鸟。时而空中飞吻，时而石上呢喃，时而叼鱼献"媚"，时而亲昵喂食，尽显浪漫。一旦求偶成功，更是对雌鸟关怀备至。这时的雌鸟只需在家安享"饭来张口"的日子，只在久卧之后，才偶尔飞向天空舒展一下身子，或轻轻掠过水面，在水中清洗羽毛。**3**

　　除了负责捕食、喂食，雄性白额燕鸥还会和雌鸟轮流孵蛋，堪称鸟类中的"模范丈夫"。**4**

4 下图　雄性白额燕鸥堪称鸟类中的"模范丈夫"：在求偶时，雄鸟总是极力讨好雌鸟；求偶成功后，更是对雌鸟关怀备至，除了负责捕食、喂食，还会和雌鸟轮流孵蛋。

碱蓬间三三两两地散落着尚在孵化中的鸟蛋，大约在21天后，一个个小脑袋就会陆续破壳冒出。

　　刚刚出壳一天的雏鸟便可以行走，但还不太敢离开自己的小窝，乖乖在家等待着父母喂食。雏鸟对着天空张大嘴巴，亲鸟如英雄般从天而降，嘴里的小鱼还在摆动着尾巴。这是它和父母间的"游戏"，这样的默契更加印证了白额燕鸥之间紧密联结的情感。 **5**

　　雏鸟长得很快，大约十几天后就能扑棱着翅膀在盐碱地里东奔西跑。 **6**

　　繁殖季的尾声即将到来，但危险却时刻存在。日落之前，一只猛禽的造访惊动了地面的白额燕鸥和黑嘴鸥。天空瞬时飞起群鸟，它们在快速飘动的云层下盘旋警告，鸣叫声随风飘荡在整个盐碱地上空。

　　好在猛禽对地面的雏鸟们暂时没有兴趣，这群鸟儿才放下心慢慢落下，继续享受在这里的最后几周时光。

5 右上图　雏鸟出壳不久便可以行走了，但还不太敢离小窝太远，只能在家等待亲鸟喂食。（摄影 / 李东明）

6 下图　雏鸟长得很快，大约十几天后它们的翅膀就发育完全，能扑棱着还是浅棕色的翅膀在盐碱地里东奔西跑。

鸟中"熊猫"——震旦鸦雀

　　震旦鸦雀（学名：*Paradoxornis heudei*），雀形目莺鹛科，中国特有种，留鸟。体长20厘米，体重18～48克。喙黄、带钩，黑色眉纹显著，额、头顶及颈背灰色，黑色眉纹上缘黄褐而下缘白色。上背黄褐，通常具黑色纵纹；下背黄褐。有狭窄的白色眼圈。中央尾羽沙褐，其余黑而羽端白。多栖于江河湖沼及沿海滩涂芦苇丛中，不善飞行，以昆虫、浆果为食。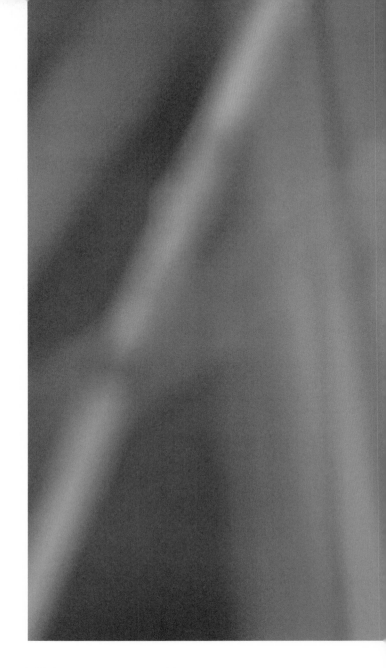

1 头圆、嘴厚、没脖子是震旦鸦雀的显著特征，这样圆滚滚的身材总是让人忍俊不禁。（摄影 / 李东明）

　　微风拨弄着芦苇，沙沙作响，似是在诉说着这里的故事。盐城湿地浩瀚的芦苇丛中传来如口哨般的急促鸣叫，一只体型小巧的小鸟正紧握着摇晃的苇秆，身体随之飘来荡去；但下一秒，就如风般轻盈地跳到了芦苇深处，不见了踪影。

　　长长的尾羽拉长了整个身形，两侧飞羽却极为短小，只能进行短距离飞行；头圆、嘴厚、没脖子……这是它另外的显著特征。然而，这貌不惊人的小鸟，却有着一个响亮的名字——震旦鸦雀。 **2**

2 "鸟中大熊猫"体长仅 20
厘米，体重仅 18～48 克，全
身羽毛主要为黄褐色与黑色，有
着长长的尾羽。（摄影 / 陈国远）

极轻的体重和与环境颜色相似的体羽，让它们能在芦苇丛中尽享欢乐时光。

"震旦"是华夏文明的古称，人们所熟知的地质年代——震旦纪，便是因最先在中国开展调查研究而得名。震旦鸦雀名字的由来，与之有几分相似。1872年之前，它们在中国东部沿海的芦苇荡里"默默无闻"，甚至连土名都没有。直到这一年，来自法国的著名博物学家阿芒·戴维在当时包括上海和江苏部分区域内的一处芦苇丛中，采集到了这一中国特有物种的标本，这才对其进行了科学命名。

拥有这一不俗名字的小鸟自然也有着自己的独特之处。震旦鸦雀因对生存环境要求极为苛刻，导致现存数量十分稀少，也由此被称为"鸟中大熊猫"。盐城湿地优良的生态环境，和一望无垠的芦苇荡给了震旦鸦雀最好的庇护，它们与芦苇之间的关系比人们想象的更加紧密。3

正是春季芦苇萌发的时节，一只震旦鸦雀用爪子紧紧攀附在芦苇下部，窸窸窣窣地在剥食着什么，不时发出清脆的鸣叫。或是过于专注，这只震旦鸦雀已慢慢挪到了芦苇梢部，却浑然不知。纵然身轻如燕，纤细的芦苇此时也无法承载它的重量。眼看芦苇弯下了腰，小家伙儿猛然振翅，纵身跳至别的芦苇，继续享受着属于自己的欢乐时光。

震旦鸦雀的成鸟体重也较轻，这些"芦苇精灵"看似娇弱，它们的力量却不容小觑。它们能用短小坚硬的喙敲击芦苇秆，甚至直接将其啄开，取食其中的小虫。当遇到危险时，它们还会紧紧咬住对手，绝不松口。4

4 看似娇弱的震旦鸦雀却有着不容小觑的力量，能用短小坚硬的喙直接将芦苇秆啄开，从而啄取其中的小虫。（摄影 / 李东明）

它们有力的嘴微微下钩，还能进行一些精巧的工作——编织巢窝。 5

春季也是震旦鸦雀的繁殖季，筑巢这一烦琐的任务将由震旦鸦雀夫妇共同完成。它们会将芦苇叶撕成细条，用嘴衔着，在三五株芦苇之间来回缠绕，直到编制出一个精致的杯状巢窝。任凭风吹雨打，都不用担心被颠覆。 6

柔软的芦苇竟能成就如此坚固的巢窝，得益于震旦鸦雀高超的建造技巧。但这一切还只是刚开始，天敌的存在让它们必须时刻保持警惕，上空盘旋的猛禽随时有可能对震旦鸦雀造成威胁。在盐城湿地这片土地上，只有物种间的竞争才能让整个生态系统朝着更为优良和更为持久的方向发展。

芦苇根部新长出的绿色嫩芽已露出水面，逐渐取代在一个秋冬变得枯黄的旧枝。震旦鸦雀叽叽喳喳地在芦苇丛中蹿蹦跳跃，繁殖高峰即将到来，它们将共同为这片土地带来蓬勃的生机。 7

6 右图　震旦鸦雀有力的嘴微微下钩，能进行一些精巧的工作。（摄影／李东明）

5 下图　这对震旦鸦雀以轻松的姿态伫立在芦苇秆上，接下来它们将迎来一个大工程——搭建巢窝。（摄影／李东明）

7 芦苇丛中透出的嫩绿渐渐取代了原先枯黄的旧枝，叽叽喳喳的震旦鸦雀在其中蹿蹦跳跃，为这片土地更添生机。（摄影／陈国远）

（篇章图摄影／胡小星）

第三篇

「麋」途返乡，鹿归故里

鹿王争霸，四季轮回——麋鹿

麋鹿（学名：*Elaphurus davidianus*），偶蹄目鹿科，大型草食类哺乳动物。因头脸像马、角像鹿、蹄像牛、尾像驴，又名"四不像"。体长170～217厘米，尾长60～75厘米。雄性肩高122～137厘米，雌性肩高70～75厘米，体型比雄性小。麋鹿体重一般为120～180千克，成年雄麋鹿体重可达250千克，初生仔在12千克左右。雄麋鹿角较长，每年12月份脱角一次。雌麋鹿不具角。夏毛红棕色，冬季脱毛后为棕黄色。麋鹿喜群居、善游泳，多栖于沿海滩涂地带，主要以禾本科、苔类及其他多种嫩草和树叶为食。 **1**

1 右上图　与雄麋鹿不同，雌麋鹿的头上并没有角，身形也略小一些。（摄影／李东明）

2 右下图　蹄子像牛，长相如马，尾巴像驴，角像鹿，这就是传说中的"四不像"——麋鹿。

·序

日头尚未升起，透过晨间薄雾，隐约望见近处成片的水草；而远处的海岸线，早已与天空融为一色。"30年前，这里还都是海。"从小生活在这里的本地居民，见证了家园的沧海桑田。在中国江苏盐城，特殊的海洋动力条件经过漫长的时间雕琢，刻画出了这片奇幻土地的别样风情。

也正是30多年前，一种自带"神兽"属性的动物回归了这里，它们的领地也随着近岸沙洲的淤积而不断扩充。

旭日将薄雾撕扯开来，远处的草地上，一群动物正悠然自得地享用着嫩叶。

如若不仔细辨认，一个个小黄点仿若田间耕作的老牛。仔细打量，"蹄似牛非牛，头似马非马，尾似驴非驴，角似鹿非鹿"，古人所称的"四不像"便是它——麋鹿。 **2**

夏季每年7月，正是水草肥美的时节，也是这片沙洲一年中最为灵动的时候。几头年轻的雄麋鹿踏水而来，溅起朵朵水花；头顶嫩黄的小麋鹿紧紧跟随在左右，轻巧的身体似漂浮在水面上……绿草、蓝天、白鸟、黄鹿，铺就整个水面，动静之间，和着清晨的雾气，仿若一副若隐若现的丹青跃然眼前。 **3**

这一刻的恬淡，正是来源于大丰麋鹿国家级自然保护区工作人员的努力。

· "消亡" 和 "重生"

　　清朝郎世宁的《哨鹿图》揭示了麋鹿在古时的地位。"以弓矢定天下"，从元朝到清朝，麋鹿始终是统治者的狩猎对象，它们的近战"利刃"——鹿角，在人类弓箭的远程射击之下毫无还击之力。到了 1900 年，战争又给了这一种群致命一击。八国联军入侵北京，南海子皇家猎苑中圈养的麋鹿也成为战争的牺牲品。一声声低沉的哀鸣，一次次鹿角沉重倒地的殇，满足欲望的结局是导致了一个中华特有物种的濒临消亡。 **4** **5**

5 上图 麋鹿这一种群的命运不会因为自带"神兽"属性而一直顺遂无忧。相反，它们几经波折才生存到现在。在清朝，它们因为人类的私欲几近灭绝。在海外动物园的帮助下，麋鹿才有机会在 20 世纪末回归故里。

　　幸运的是，南海子皇家猎苑中圈养的部分麋鹿在此之前被海外动物园引进，这才得以有机会实现 20 世纪末的回归。1986 年 8 月 13 日，39 头麋鹿从英国伦敦一路颠簸，踏足中国盐城大丰湿地，点缀了这里原本的单一色彩。从无到有、从有到多……如今，超过 6000 头麋鹿在盐城大丰湿地自在地生活着。6 7

4 左图 清朝郎世宁的《哨鹿图》揭示了麋鹿在古时的地位。从元朝到清朝，麋鹿始终是统治者的狩猎对象。图中的麋鹿隐藏在山林之中，对人类的弓箭毫无还击之力。

6 从无到有、从有到多，在人们的保护下，麋鹿在这里自由自在地生活着。（摄影／李东明）

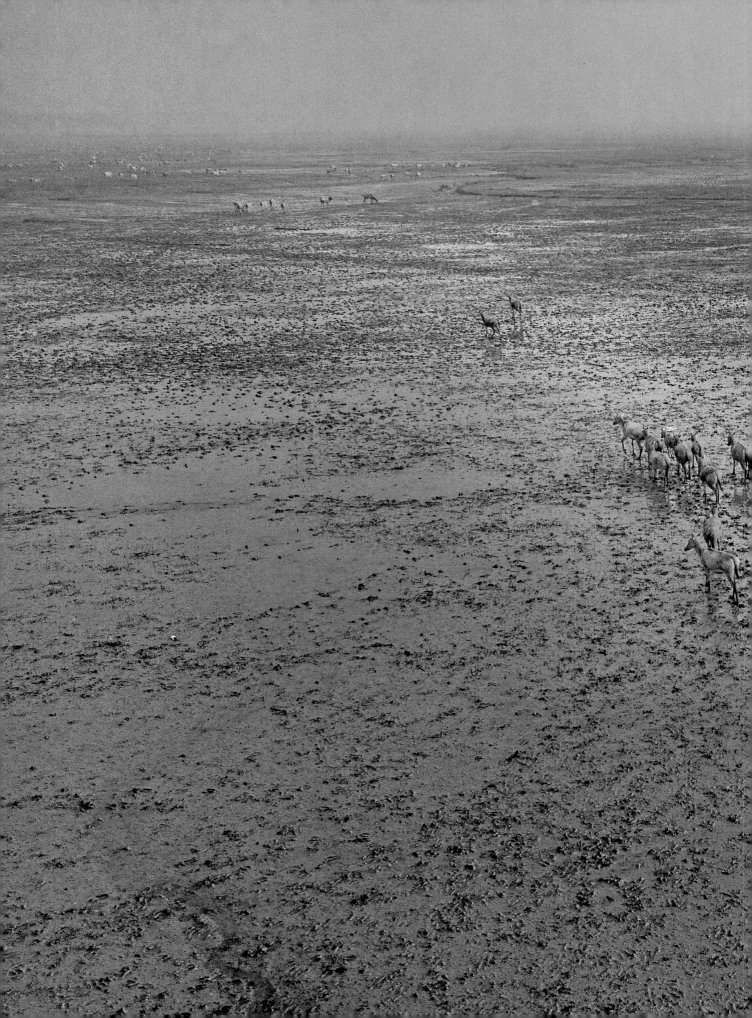

7　如今，盐城大丰湿地成了麋鹿生活的乐园。（摄影／胡小星）

8　新长出来的鹿角外包裹着一层茸皮，经过一点一点地打磨，稚嫩的鹿角才会变成威严的"利刃"。（摄影 / 胡小星）

云层飘过，阳光随之一点点洒下。麋鹿族群分为了几个阵营，最为瞩目的是顶着庞大鹿角的雄麋鹿们。仪式感对于任何物种来说都至关重要，一头雄麋鹿正在进行它的"成人礼"。新长出的一对鹿角外包裹着一层茸皮，它必须想办法把茸皮蹭去，粗壮的树干便是它选择的工具。这不是一蹴而就的工作，就好似打磨武器一般，一点一点，待茸皮褪去，一对光滑且威严的"利刃"就此显现。树干上还残留着一些痕迹，回头舔舐上两口，就算是告别，也是成长。 8

这一切的准备，都是为了一年一度的"鹿王争霸赛"，这是所有雄麋鹿成长之路上必经的过程。每个族群都将决出一位最终的胜者，这位胜者将拥有雌麋鹿的统领权和交配权。

　　战斗，是这个物种得以延续的法则。 9

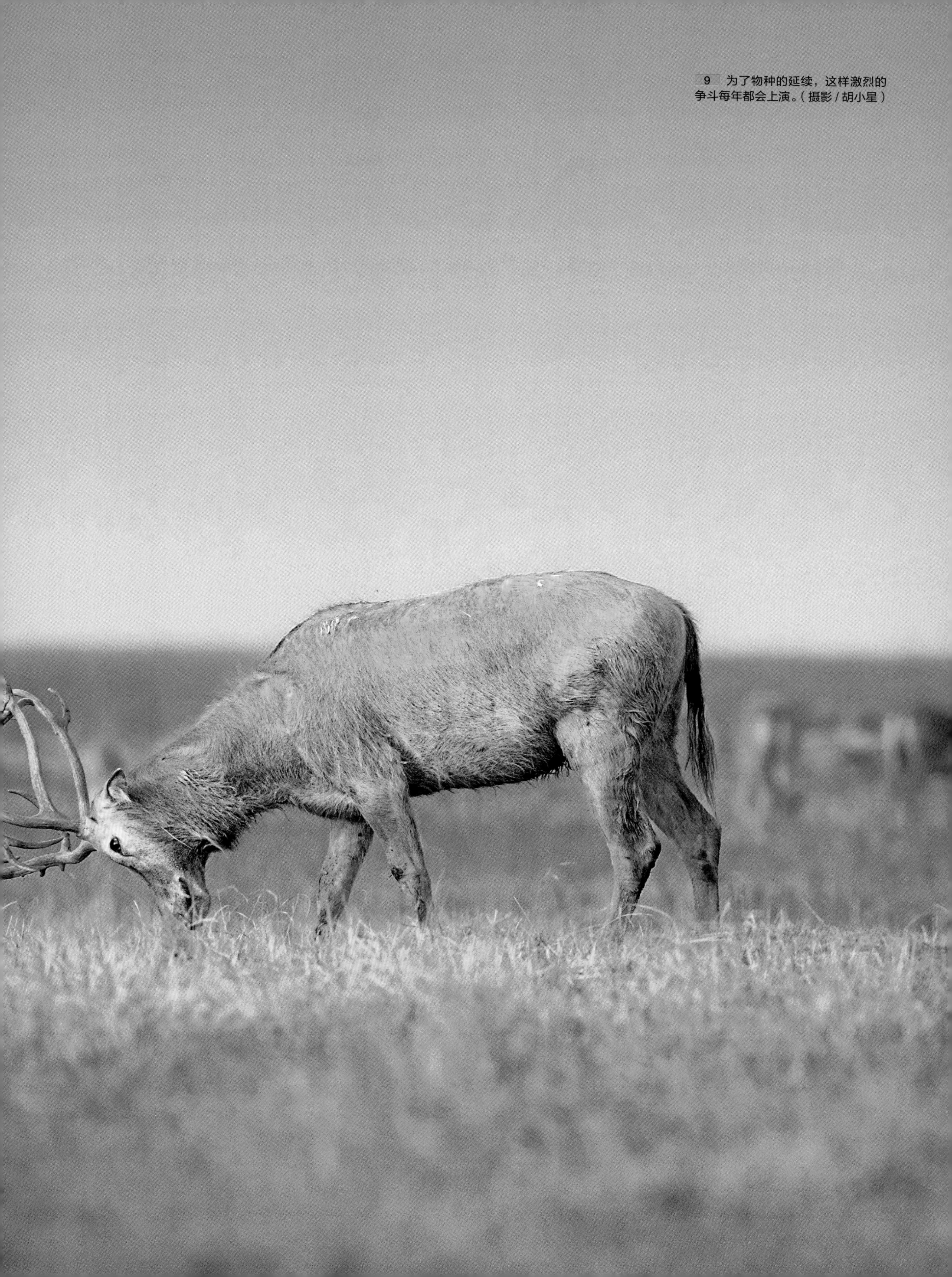

9　为了物种的延续，这样激烈的争斗每年都会上演。（摄影 / 胡小星）

· 夏之躁动

夹杂着海潮气息的夏日空气中，有一种只有麋鹿才能分辨的特殊气味——雄麋鹿发情的讯号。

此时的雄麋鹿已经换上了深色战袍，深色让它们显得更加精壮和坚毅。这独特的变装，取材于自然。雄麋鹿将身体卧进泥水中，待全身湿透后，再借助鹿角将淤泥涂满全身。这不仅是装饰，更是一种自信心的加持。

变装后的雄麋鹿昂首阔步，但此时距正式出战还差最后一步——装饰鹿角。不同的挑战者会有不同的审美差异，有的头挂嫩绿的枝叶，有的顶着被黑色泥土浸泡过的干草，还有的甚至将和鹿角一般粗壮的树枝横在头顶……每一头雄麋鹿都充满了个性。这似乎是它们给自己预设的"王冠"，如今它们迫切需要一场胜利来实现加冕。 **10**

10　身上涂满黑泥后，麋鹿还要挑选自己心仪的鹿角装饰。这只麋鹿便使用嫩绿的枝叶来装饰自己的鹿角。（摄影／胡小星）

11 上图 鹿角一般一年多1个分叉，长出3个分叉后会越来越粗壮。

成年的雄麋鹿肩高超过130厘米，体重可达250千克，而鹿角长约80厘米。麋鹿的鹿角一般一年多1个分叉，3个分叉后会越来越粗壮，当长到5个以上的分叉，就意味着它获得了"鹿王争霸赛"的入场券。 11

这两头雄麋鹿，从鹿角分叉便可分辨出它们的年纪，一头显然更年长一些。当它们长时间如太极拳法般地绕圈后，往往会并排行走，这通常预示着打斗即将开始。

一步、两步、三步……伴随一声怒吼，两头雄麋鹿突然同时扭头，两对鹿角精准地碰撞在一起，发出巨大的响声。 12

一年一度的"鹿王争霸赛"在这个不安分的夏天终于开始。鹿角相互缠绕，腿部发力，双方僵持不下。喘息间，年轻的雄麋鹿被对手抓到了一丝破绽，后退了几步，但它并没有放弃，而是爆发出更大的勇气与力量，又在瞬间迎来了反转。

几乎酝酿了整个夏季的"鹿王争霸赛"只持续了几分钟，就结束了。双方不再纠缠，只有留在黄海湿地上的几条深深的蹄印，记录了这里刚刚发生的那场激战。

鹿群迎来了新的王者，失败者悻悻离去。但对新鹿王来说，这个漫长的夏天才刚刚开始……

12 右图 一步、两步、三步……伴随着一声怒吼，两对鹿角精准地撞在一起，发出巨大的响声。再过几分钟，鹿群便将迎来新的王者。（摄影/胡小星）

新上任的鹿王有些急不可耐地想要完成自己的使命——与发情的雌麋鹿完成交配。不过，雌麋鹿们还没做好准备，对于王者的示爱，它们漠然以对。 **13**

焦躁等待的，并不止鹿王。一片树林隔绝了两个世界：数十头麋鹿聚集于此，凌乱的枝杈是单身雄麋鹿最好的伪装。它们有的是鹿王争霸的落败者，有的是还未取得"入场券"的莽撞"少年"。而鹿王的职责，或者说愿望，就是阻止这两个世界的交融。

鹿王一边警惕着树林另一侧的躁动，一边必须要在三个月的"任期"内尽可能多地让雌麋鹿怀上自己的孩子。在这种紧张的情绪下，鹿王几乎顾不上吃喝。

其实，并不是所有雄麋鹿都会选择直接对决，对它们来说，最终的目的只是与雌麋鹿交配。在这一动物界原始意志的支配下，更多的雄麋鹿总能觅得机会，而等鹿王发现这一切，都为时已晚。

疲惫的鹿王趴在地上，心有不甘地低吼着。此刻头顶的阳光开始变得刺眼，整个鹿群像是被封印一般，宛若一座座雕塑。鹿王周边围绕着几头雌鹿，有的雌麋鹿直接趟入湖中降温。得手后的单身雄鹿暂时退回了另一侧的树林，这个炎热的夏天，它们和新鹿王间的"游戏"还将不断上演。

13 下图 对于王者的示爱，雌麋鹿们漠然以对。

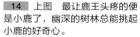

14 上图 最让鹿王头疼的便是小鹿了，幽深的树林总能挑起小鹿的好奇心。

麋鹿王必须尽全力保住王位。当然，它的压力不仅来自外部，庞大的鹿群少不了内部的反叛。当一群雌性荷尔蒙达到顶峰的雌鹿聚集在一起，打闹是常有的事，一如后宫相互争宠的嫔妃。没有麋鹿角的雌鹿们，更倾向于用前肢相互攻击。但对鹿王来说，更头疼的是纪律散漫的家族成员。这个鹿群中，还有带着新生小鹿的雌鹿，母子俩在鹿群边缘徘徊，好奇的小鹿总想着去外面的世界一探究竟。为防止小鹿出逃，鹿王必须不断在外围巡视，以围拢鹿群。14

·春之希望

秋风吹散了黏浊的空气，夏季告一段落，鹿群解散，鹿王卸任，虽然那时它们依旧生活在一起，但不会再有统领者。这是一个休养生息的季节，怀孕的雌鹿们食量明显增加，进食、休息成了这个季节麋鹿群的日常。雄麋鹿们引以为傲的鹿角将脱落，这是它们每年必须经历的一次蜕变。这个过程将一直持续到冬季。

逐渐泛黄的草地上，一根粗壮的鹿角应声落地。只剩一侧鹿角的麋鹿回头望了一眼，要和这根伴随了一整年的鹿角告别了。头顶突然少了约 4 千克的质量，它还是有些不习惯，脱落处渗着些许血，但并不会感觉疼痛，就像是孩童掉了乳牙一样。它的下一步，就是在两三天内，用各种方式让另一侧的鹿角也尽快脱落。

鹿角的生长周期大致分为四个阶段：茸生长期、茸骨化和茸皮脱落期、硬角期、脱角期。每一次的轮回都是一次成长，鹿角分叉将随之增多。在这些雄麋鹿之中，必然会产生下一年的鹿王。 **15**

当冬天来了，盐城黄海湿地像是变了一副模样。干涸的水塘、灰蒙的天空、枯黄的枝叶……如同绢纸上做出的一幅古风长卷。长卷一侧，是从辉煌掉落至谷底的新鹿王。心理的落差加上被其他雄鹿排挤，新鹿王明显消瘦的身躯显得格外孤单。它唯一的选择，是明年再次参加争霸，但蝉联鹿王的可能性已微乎其微。这听起来有些残酷，却也是"丛林法则"的真实再现——纵然儿女满堂，也改变不了后半生孤独终老的命运。

淅淅沥沥的春雨中，一声清亮的啼叫，宣告了新生命的诞生。只用了半个小时，从颤颤巍巍地站立到跟上妈妈的步伐，还带有梅花斑点的新生小麋鹿取得了生命旅途中的第一个成就。可接下来的挑战，就没有那么容易了。 **16** **17**

15 这群小鹿的脑袋上毛茸茸的鹿角还只有两道分叉，显然它们还没成熟。（摄影 / 李东明）

16 下图　还带着梅花斑点的新生小麋鹿颤巍巍地跟上了妈妈的步伐。（摄影／陈国远）

17 上图　年幼的麋鹿已能跟上雌麋鹿的步伐。（摄影／李东明）

麋鹿天生爱水。下水之前,鹿妈妈亲昵地舔舐着小鹿,尽可能留下气味以便相互辨认,可小鹿还是有些胆怯,犹豫间再抬头,妈妈已经完成了渡水,消失在岸边的另一侧。迷茫的小鹿四处张望,妈妈的气味越来越淡。小鹿急切的鸣叫和妈妈担忧的呼唤,隔空回响。 **18**

对于小鹿来说,此刻任何一只从它身边经过的麋鹿都会被它认作妈妈。好像是听到了召唤,它勇敢下了河,河水几乎没过了它的身体。妈妈不断在对岸鼓励着,这是小麋鹿在成长过程中必须独自经历的。 **19** **20** **21**

[扫一扫]
小麋鹿跟着妈妈勇敢地过河。

18 下水之前,鹿妈妈亲昵地舔舐着小麋鹿,尽可能留下气味以便于相互辨认,可小麋鹿仍旧有些胆怯,犹豫间抬头还望了望面前的小河。

19 上图　麋鹿天生爱水，独自渡河是小麋鹿在成长过程中必须独自经历的。

20 下图　在产仔高峰期，小麋鹿迎来了越来越多的小伙伴，一起打闹嬉戏、练习奔跑，这也代表着麋鹿这一种群的成功延续。

第三篇
"麋"途返乡，鹿归故里

21　身上还带着梅花斑点的小
鹿在嫩绿的草地上嬉戏打闹着。
顶过头，我们就是好朋友啦！

第三篇
"麋"途返乡，鹿归故里

· 乐园

　　1986 年 8 月 13 日，39 头麋鹿从英国伦敦一路颠簸，踏足中国盐城湿地，成为这里一抹亮丽的色彩。从此，它们就在富饶的湿地里生长、壮大。

　　在盐城大丰麋鹿国家级自然保护区中，有一座专门为麋鹿而建的墓碑，名叫"听嗷坡"。当年，那 39 头麋鹿就是在这儿走下卡车，呦呦几声，奔向一望无际的黄海滩涂。如今，听嗷坡里安息着当年回归的 39 头麋鹿，它们完成了祖先还家的夙愿，在黄海滩涂上扎根、繁衍。 **22** **23**

　　如今，这里已成为世界上面积最大、麋鹿数量最多、基因库最丰富、保护成效最突出的麋鹿自然保护区。经过几十年的科学研究和有效保护，保护区成功地恢复了麋鹿野生种群。这是盐城当地重视生态文明建设的成果，为人类拯救濒危物种提供了成功范例，也标志着麋鹿这一世界濒危物种的保护事业进入一个新的阶段。 **24** **25**

　　当夏季再次回归，成年雄性麋鹿铿锵的鹿角撞击声替代了新生小鹿的呦呦鸣叫。四季轮回中，盐城黄海湿地日新月异，又亘古不变。

22 下图　雄麋鹿昂首鸣叫，铿锵的鹿角撞击声替代了新生小鹿的呦呦鸣叫。

23 上图　从无到有，麋鹿一族在一次又一次的"王位"更迭中迸发出迷人的生命力。（摄影 / 胡小星）

24 下图　雌麋鹿领着还带着梅花斑点的小麋鹿过河。从这一幕中，我们不难看出，麋鹿这一种群已在这里扎根、繁衍。（摄影 / 李东明）

25 经过几十年的科学研究和有效保护工作，这里成为麋鹿生活的乐土。这是盐城当地重视生态文明建设的成果，也为人类拯救濒危物种提供了成功的范例。（摄影 / 胡小星）

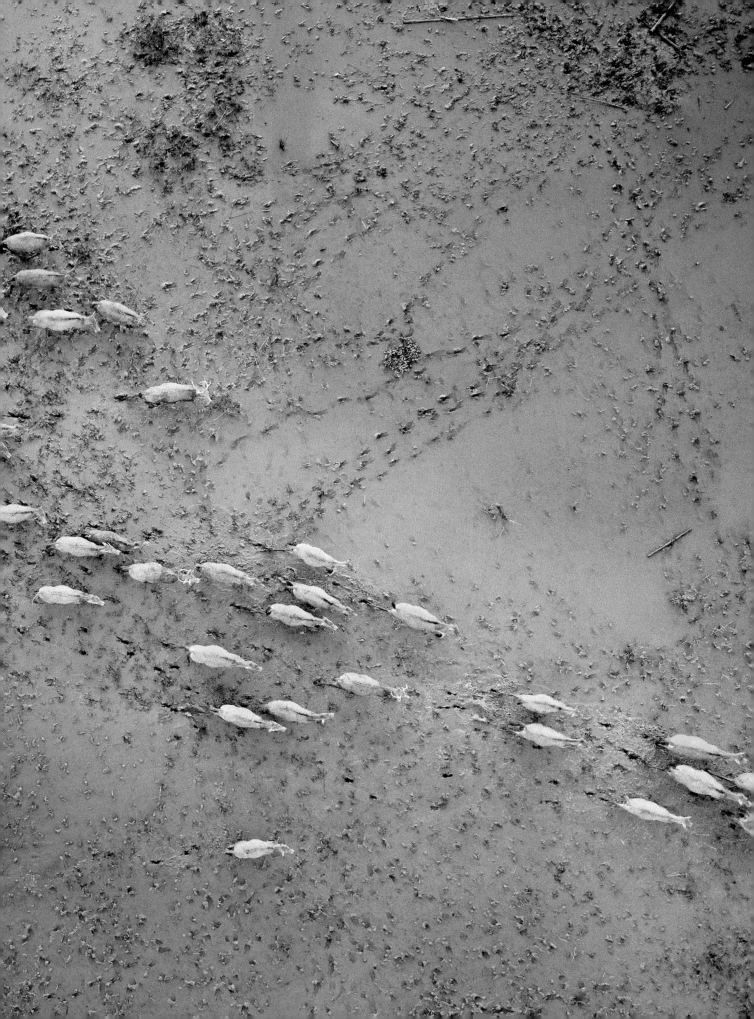

獠牙钝齿，形麝乖"獐" ——牙獐

獐（学名：*Hydropotes inermis*），偶蹄目鹿科，哺乳动物，又名牙獐、河麂等。体长约 1 米，重约 15 千克。两性均无角，雄性成年牙獐上犬齿发达，突出口外成獠牙，长约 5 厘米。耳相对较大，尾极短，被臀部的毛遮盖。多独居或三五群居于河、湖、海岸地带，主食杂草嫩叶、多汁而嫩的植物树根、树叶等。生性胆小，四肢发达，行动时常为蹿跳式，善于隐藏，也善游泳。

盐城大丰保护区一望无垠的草地上，一只毛色棕黄的小动物正混杂在麋鹿群中啃食着嫩叶，只是不时抬头警觉地向四周瞭望。待走近了，才发现这只形似小麋鹿的动物，竟长着一对不算短的獠牙。**1**

这是一只雄性牙獐，也被称为河麂。虽然同为鹿科，牙獐头上却没有角。雄性成年牙獐长有一对发达的上犬齿，长约 5 厘米，伸出嘴外，状如獠牙，看上去颇有几分凶样。

不过牙獐却是个不折不扣的胆小鬼，即使是对自己的同类，它们也都时刻充满了戒备。牙獐几乎从不抱团生活或行动，最多不过三五成群。它们十分恐惧没有草木掩护的荒山秃岭，喜爱栖身于湿地的浅草或芦苇丛中。**2**

1 毛色棕黄、形似小麋鹿的动物正机警地回头望一望，令人惊奇的是，它还长了一对不算短的獠牙。（摄影 / 李东明）

　　牙獐确为鹿的"近亲"，并且和麝也有几分相像，以致不熟悉它们的人很难在第一时间分辨清楚。中国古代便有"何者是獐，何者是鹿"的典故。在宋人沈括所著《梦溪笔谈·权智》中，即载有王安石之子王元泽分辨獐与鹿的文字：

　　　　客有以一獐一鹿同笼以问雱："何者是獐，何者是鹿？"雱实未识，良久对曰："獐边者是鹿，鹿边者是獐。"客大奇之。

　　虽然作者的本意是想借此表明王元泽的聪颖，但也不难看出獐与鹿的确难以区分。而关于獐与麝，同样如此。李时珍在《本草纲目》里写道："獐无香，有香者麝也。"这大抵是区分獐与麝的最显著的特征了——有香的为麝，无香的为獐。

生灵·奇境 | 中国盐城黄海湿地

3 上图　随着季节变化的毛色可以让机敏的牙獐在草丛中很好地隐藏自己。

4 下图　胆小的牙獐遇上丹顶鹤也只有主动躲避的份。（摄影 /李东明）

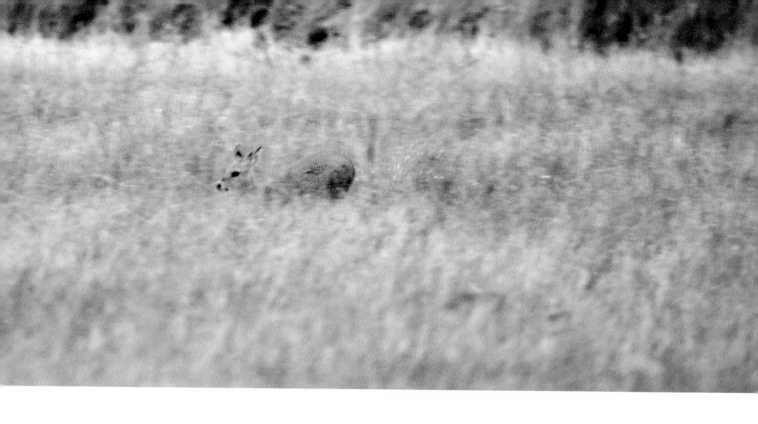

也正因为时常被混淆，本无药用价值的獐成了麝的"替罪羊"，遭到无情捕杀，以至生活在长江中下游地区的野生牙獐数量一度锐减。近些年随着保护意识的增强，牙獐也得以从过去的"经济动物"回归为自由的"湿地精灵"。

可即便如此，和牙獐相遇也需要一些运气。它们通常出没于浅草或芦苇丛中，随季节变化的毛色成了它们最好的保护色。牙獐冬季的毛如枯草的黄色，不仅十分厚密且利于隐蔽；夏季则较为短细，棕色偏红，光亮顺滑。 **3**

不易见到牙獐，还因为它胆小的性情，并且总是单独行动，最多不过三五成群。正值水草肥美的季节，两只牙獐忘情地奔跑跳跃、追逐嬉戏着，却在不经意间闯入了丹顶鹤的地盘。或许是强烈的领地意识，让上空盘旋的几只接近成年的丹顶鹤做出了向下攻击的姿态。胆小的牙獐哪里抵得过对手的利嘴，见势不妙，只得像兔子一般跳跃着快速溜走。 **4**

5 除了争夺配偶，牙獐只在别的同类入侵领地时才会发生激烈打斗。（摄影 / 李东明）

　　其实牙獐也有自己的领地意识，会用尿液和粪便来标记自己的领地。如果有别的同类入侵了自己的领地，它们通常都会毫不留情地驱赶，甚至不惜发生激烈的争斗。最好的武器便是那对看上去凶猛无比的獠牙，张开嘴，刺向对方相对脆弱的头部和颈部。一场打斗下来，它们彼此都伤痕累累。**5**

　　除了争夺配偶，也只有此时，牙獐才会展现出"凶悍"的一面。更多时候，那对獠牙只是它们性别属性的象征——即便是雄性牙獐，在遇见其他体型更大的动物时，也会凭借强健的四肢选择落荒而逃。

　　神情与世无争、性情胆小易惊；静若处子，动如脱兔……牙獐的可爱之处不言而喻。若有幸与之对视，你或许能在那乌黑的眼中窥见它们对于这片土地的热爱。

（篇章图摄影 / 李东明）

第四篇

海滨滩涂，鱼蟹乐园

奇侠斗士——弹涂鱼

弹涂鱼（学名：*Periophthalmus cantonensis*），鲈形目虾虎鱼科，暖温性近岸小型鱼类。体长形，侧扁，背侧褐色，微绿，向下色渐淡；臀鳍、胸鳍、腹鳍、尾鳍发达，灰黄色，善跳跃，故又名"跳跳鱼"。喜栖息于底质为淤泥、泥沙的滩涂处，穴居性。主食浮游动物、昆虫及其他无脊椎动物。在西北太平洋，从越南向北至中国、朝鲜的沿海滩涂多有分布。

江苏盐城条子泥的滨海滩涂已被夏季炎热的阳光照射了一上午，即将迎来涨潮。滨海滩涂，是海洋与陆地两大生态系统交汇的边界，二者的界线在一天之内随着潮涨潮落此消彼长。

一如这一介乎于"沧海"与"桑田"间的独特地貌，千万年来生于斯的一种古老生物，也被时光的音符定格在了一个相对恒定的瞬间。它们虽然最终未能成功登陆，成为四足动物的祖先，却代表着水生鱼类向陆生四肢动物演化的中间一环。

弹涂鱼，是一种离不开泥和水的古老"两栖"鱼类，正是它们，见证了漫长岁月带给这个星球的变化。

潮水席卷而来，越涨潮越高，最终溢满了条子泥的整片滩涂。弹涂鱼补充水分的最佳时机到了。日复一日的潮汐更迭，使得栖居在这里的生物具备了一种特殊的技能——必须能适应涨潮时被海水淹没而造成的缺氧，又要确保自己不会在潮退时因暴露在强烈的阳光下而脱水。

弹涂鱼便拥有这让人羡慕的保湿系统，其体表不断分泌的皮肤黏液能够帮助它们保持水分，以维持在陆地上长

1 高高竖起的背鳍，是弹涂鱼另一个鲜明的生物学特征。（摄影 / 李东明）

时间的活动。依靠一对已特化的发达胸鳍，并借助强壮尾部的摆动，弹涂鱼可以像真正的两栖动物那样轻松地贴着湿润的泥土向前"行走"，然后以一种意想不到的方式给身体补充水分——"撒娇打滚"。这一看起来有些俏皮的动作，不仅能通过密布在皮肤的毛细血管网完成与水中氧气的交换，还能将体表裹上厚厚的淤泥，避免被强烈的紫外线灼伤。

直到完成这一整套泥浴"护肤"，弹涂鱼才心满意足地将一对凸起的眼睛缩进了杯状的眼窝中。除了眼睛，高高竖起的背鳍，是弹涂鱼另一个鲜明的生物学特征。清代《海错图》描述它们："怒目如蛙，侈口如鳢，背翅如旗，腹翅如棹……"醒目的背鳍不仅可以在平素传递讯息，更是爱的表达方式。 **1**

微咸的泥水包裹在一条雌性弹涂鱼体表，它已经做好了准备，静待"意中人"的到来。不远处，两条雄性弹涂鱼同时亮出背鳍，求偶争夺开始了。为了增加吸引力，它们奋力跳跃，依靠强劲的肌肉将自己推离地面——这也是它们"跳跳鱼"名字的由来——在完成一个高难度的空中摆尾转体动作后，优雅落地。不过这一恰似奥运体操冠军的求偶动作并不是雄性弹涂鱼博得"意中人"的全部，如何建造一间令对方满意的居室，才是根本所在。**2**

随着水面冒出一些气泡，条子泥滩涂上出现了一双标志性的大眼睛——雄性弹涂鱼真诚地邀请着自己的求偶对象来它新建造的洞穴参观，成为这里的女主人。弹涂鱼的洞穴近些年才被科研人员了解，它们那充分体现了建筑结构"美学"同时还兼顾实用性的神奇，让人类不得不相信所有生物都拥有着延续种群的无比智慧。将内窥镜相机深入弹涂鱼"J"字形的地下洞穴顶部，那里是一间与水隔绝、充满空气的产卵室——这是雌性弹涂鱼判断"婚房"是否合格的重要标准；而"Y"字形的出口，则有利于在包括各种鸟类捕食者入侵时逃之夭夭。

在水下存储空气听上去有些天方夜谭，但弹涂鱼不愧为"建筑大师"。为了维持产卵室中"空气包"的氧气含量，雄性弹涂鱼通过在地表吞食空气，再进入洞穴顶部将空气吐出，如此一点点制造出一个完美的"空气包"。

对于求偶者的邀请，雌性弹涂鱼有些心动了，它决定进入洞穴观察后再作出抉择。绅士的做法往往是等待女主角的选择，但弹涂鱼通常都有霸道的占有欲。未待雌鱼钻出，雄性就已迅速用淤泥将洞口堵住。

此处的爱情正在发酵，别处空气中释放的雄性荷尔蒙却在酝酿着一场战斗。

呼吸之间，两条体型相当的雄性弹涂鱼突然扭打在了一起，它们张大着嘴，以肉搏的方式一决高下。几次带有节奏感的弹跳对撞之后，双方突然停止，然后在意想不到的反拍之上又一次默契地同时出招。当然，近身打斗是自然界"丛林法则"的最高境界，在大多时候，弹涂鱼只是安静地卧着，等待下一轮潮水的来袭。只有当外敌入侵时，它们才会竖起那标志性的背鳍。**3**

3 上图 两条弹涂鱼大张着嘴
对峙着，它们之间的"大战"一
触即发。（摄影／李东明）

[扫一扫]
滩涂上，两条雄性弹涂鱼竖起背
鳍和尾鳍，展开了一场惊心动魄
的"大战"。

2 左图 为了增加吸引力，它
们奋力跳跃，依靠强劲的肌肉将
自己推离地面。（摄影／李东明）

有研究表明，弹涂鱼处于休息或进食状态时，背鳍通
常平放于背部；当第一背鳍单独竖起，经常表示警惕，或
希望引起对方的注意；而当第二背鳍竖起，并不断弹动时，
则是在警告对方离开；当两段背鳍同时竖起，可能是求偶，
也可能是表示情绪的愤怒；如果背鳍全部展开，尾鳍也张
开如一面扇子，那就是发动进攻前的最后通牒了。4

第四篇
海滨滩涂，鱼蟹乐园

177

4　两条雄性弹涂鱼互不相让，其中一只完全展开了它的背鳍与尾鳍。（摄影 / 李东明）

一只水鸟在低空掠过，打乱了雄性弹涂鱼的战斗节奏。此刻的滩涂在刹那间变得慌乱了起来，一条条弹涂鱼跳跃着四处乱窜，接二连三钻入地下，以躲避被捕食的命运。

好在这次只是一场虚惊。水鸟飞过之后，弹涂鱼们纷纷从刚才藏身的洞穴谨慎地冒出了头。一些雄性弹涂鱼继续建造着爱的小屋，一次次地用嘴将地下的泥土推出洞外；一条体型较大的弹涂鱼追赶着弱小的同类，惊扰了正在觅食的邻居……一切又恢复了欣欣然的样子。

看似不毛之地的滩涂，对弹涂鱼来说却是理想的家园，这里不仅有它们施展建筑才华的舞台，更提供了丰沛的食物。千万年海水与陆地的争夺，孕育出了丰富的底栖动物、硅藻和微生物，几乎处于生态链末端的底栖硅藻便是弹涂鱼最喜爱的美味。

海潮退去，弹涂鱼一边缓慢挪动前行，一边如同吸尘器般鼓起脸颊、张开嘴，搜寻着淤泥里的底栖硅藻。近处的招潮蟹也挥舞起蟹钳大快朵颐享受着。生物的存在总是有其不可替代的意义，虽然说来有些残忍，但弹涂鱼绝对算得上是候鸟们在这片栖息地的一份佳肴盛宴。但弹涂鱼的意义还不仅于此，它们特有的挖掘本领，在一定程度上提升了土壤的透气性，更有利于植物在此繁衍；它们对潮间带生态环境，特别是泥质滩涂的高依赖度，更让它们成为潮间带环境健康的指示性物种。 **5**

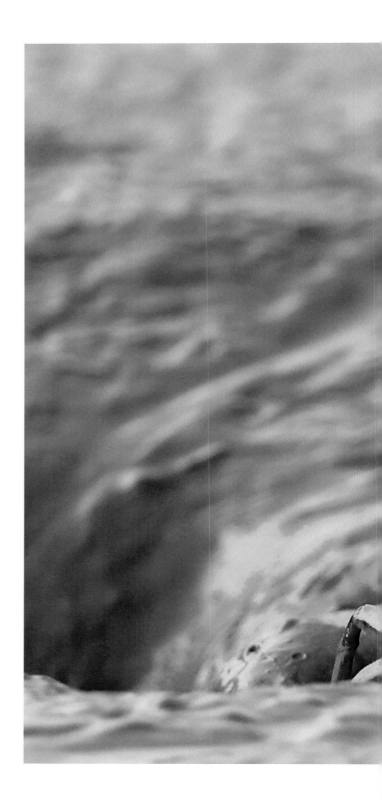

又到了涨潮时分，海天一色中微不足道的弹涂鱼再一次把自己沐浴在海潮之下。尽管它们如此渺小，但确实成了我们这个星球生态链中物质和能量循环的重要环节，让湿地这一"地球之肾"得以持续良好地运行下去。 6

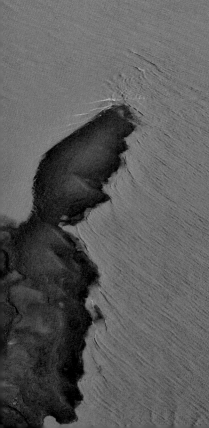

6 正是因为有着像弹涂鱼这样不起眼却又不可替代的生物，这片湿地才会迸发出如此蓬勃的生命力。（摄影／李东明）

滩涂精灵——底栖生物

· 底栖生物

底栖生物是指生活史的全部或大部分时间生活在水体底部的水生动物群。

· 自然馈赠之麻虾

麻虾，又名糠虾。分布广泛，多生活于海水与淡水交汇处，多以藻类和腐殖质为食。麻虾体小，长约 1 厘米，单体体重仅约 0.006 克。

［扫一扫］
在这片滩涂上，底栖生物丰富多样。

▮1 右图 透过镜头看去，簇拥在一起的麻虾如奇特的外星生物四处游动。

随着渔船的靠岸，人们对一种独特美味的捕捞即将开始，对象便是生活在江苏东台沿海海水与淡水交汇处的一种野生小虾——麻虾。麻虾又名糠虾，因体似芝麻大小而得名。千万别小看这种通体青灰而透明、体长不过 1 厘米、体重仅约 0.006 克的小虾，在盐城，它可是用来款待贵宾的一道"大菜"，因此便有了"好菜一桌，不及麻虾一吮"的说法。

麻虾对于生存环境格外挑剔，只有在完全没有污染的水域才能见到。当一团麻虾簇拥在一起，透过镜头看去，便如奇特的外星生物四处游动。不过它们微小且脆弱，几乎生活在生态链的最底层，民间广为流传的"大鱼吃小鱼，小鱼吃麻虾，麻虾啃烂泥"，就形象地说明了这一点。▮1

被当地人誉为"天下第一鲜"的麻虾，吃法多样——刚出水的麻虾可以用来烧汤炒菜，而更被津津乐道的是用来制成拌面或是拌饭的麻虾酱。不过，制作这一美味可不是件容易的事。麻虾的捕捞需要在凌晨进行，一艘不大不小的渔船拖着密密实实的网，在江河入海口往复来回，直到网里充盈着那些活蹦乱跳的小虾。上岸后，需要尽快进行处理，因为离开了水的麻虾很快便会死亡，一旦如此，麻虾酱也就失去了其特有的鲜味。

除了鲜虾，制作麻虾酱的其他原料也很讲究，发酵后的盐麻虾、豆瓣酱、红油、葱姜汁都必不可少。接下来便是诸如煎熬煮制、混合搅拌、封晾发酵等一系列工艺，直至麻虾的鲜味与其他原料彻底缠绕在一起。

时光依旧不紧不慢地塑造着盐城湿地，麻虾也在时光的庇佑下繁衍生息，唯一不变的，是盐城人餐桌上那么一小碗集先人智慧与美味于一体的麻虾酱。

· 滩涂寻趣

泥螺多分布于太平洋西岸，为典型潮间带底栖匍匐动物，多栖息在中底潮带、泥沙或沙泥的滩涂上。泥螺壳薄而脆，体长方形，多以底栖藻类、有机碎屑等为食。

招潮蟹是 101 种蟹类动物的统称，其显著的特征是具有一双眼柄细长突出的眼睛，及雄性大小悬殊的一对螯。招潮蟹广泛分布于全球热带、亚热带的潮间带，营穴居生活，穴深可达 30 厘米。

菜花黄的季节，在条子泥滩涂，渔民们迎来了丰收。四角蛤和泥螺都是当地季节限定的自然馈赠。在湿软易陷的淤泥之上，渔民已经练就了健步如飞的技能。潜藏在滩涂之下的四角蛤和泥螺，在他们面前都无所遁藏。

对于初次踏上滩涂的人来说，探索淤泥之下的世界就像是寻找宝藏一般。细软的泥沙上偶尔能看到候鸟的脚印，追随这些脚印，你能发现一些小洞，大胆且迅速地将手探入，便会发现一只小螃蟹裹着泥沙出现了。它张牙舞爪地挥动着双螯，你必须时刻小心它强有力的攻击。即使是候鸟，也没有那么容易将其吞入。

若要寻找沙蚕这样的生物，你就需要仔细观察。浅水渗出淤泥，一条暗红色的沙蚕正尝试着钻入其中。沙蚕的种类很多，长度大小也均有不同，它们同样是候鸟们喜爱的食物，相比螃蟹也更容易吞食。 **2** **3**

2 下图　这条沙蚕正尝试着钻入泥中，它们选择在淤泥的更深处生活。

3 右图　招潮蟹最显著的特征是一双眼柄细长突出的眼睛，以及雄性那大小悬殊的一对螯。（摄影／李东明）

在靠岸的礁石下方，潮水还未上涨，各式各样的
螺类正安逸地享受着阳光。其中，有着独特纹路的斗
篷螺最吸引人，一圈圈向下环绕的纹路在阳光下显现
出迷人的紫色。它的移动速度比想象中更快一些，不
一会儿就在泥沙上留下了长长的运动轨迹。然而一旦
潮水上涨，一切就又回归了最初。

不可思议的是，哪怕是螺类之间，竟也有着食物
链的关系。和有着更为坚硬外壳的螺类相比，泥螺就
有些弱势了，沦落为了食物——有着坚硬"后盾"的
螺类会缓缓靠近，一点点蚕食泥螺。

在这片滩涂上，哪怕是这样微小的生物，也都经
历着不同的生命历程。带着这样的故事再次远观，滩
涂不再只是泥沙，它似乎活了过来。 **4**

4 　小到泥螺，大到人类，不同的生物在这里经历着不同的生命历程。（摄影／李东明）

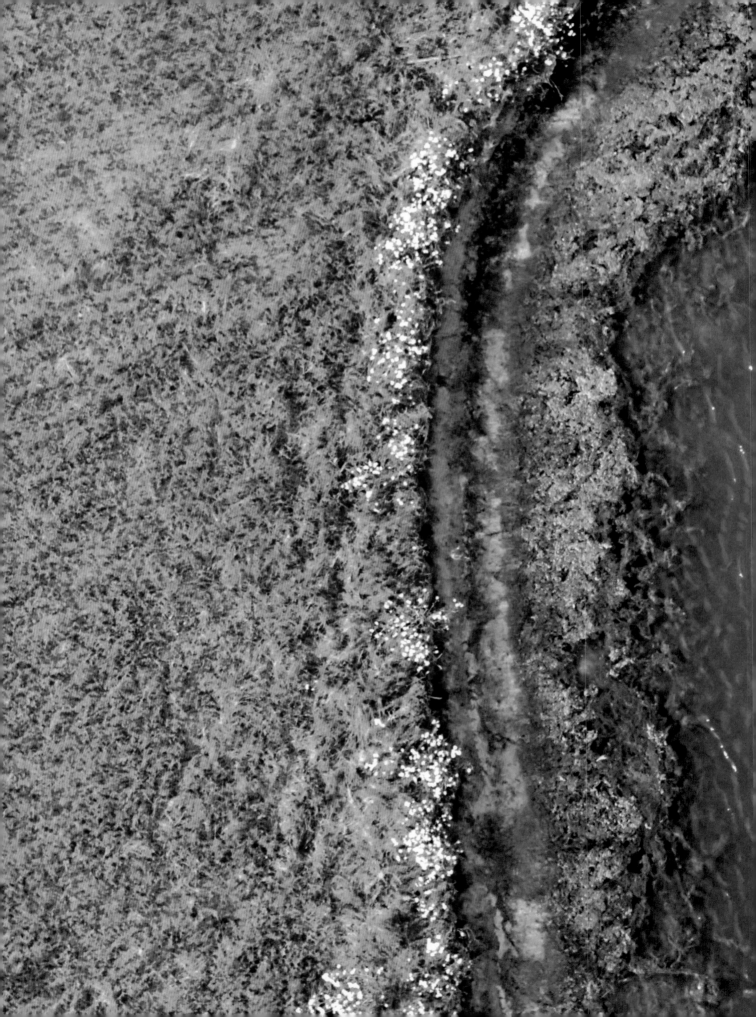

第五篇

抗盐先锋，神奇植物

壮美"红海滩"

"红海滩"，在中国北方的海岸线上广泛分布，从辽宁盘锦到山东东营，但与"盐"关联最紧密的，却只有一处。

江苏盐城，这个以"盐"字命名的城市，因特殊的沿海地理位置，拥有着大片盐碱地，不仅让曾想要在这安居的人伤透了脑筋，更是让大部分植物难以生存。普通植物之所以难以在盐碱地上生长，是由于土壤中集合了各种盐分组成，如氯化钠、氯化钾等，还有碳酸钠、碳酸氢钠等碱性成分。这些都如同排外的屏障，抑制了植物的正常生长，让它们难以扎根。当植物吸收过高的盐分，细胞膜就会出现破损，同时，叶绿素也可能在这过程中被破坏，影响正常的光合作用。

然而，也有一些植物因自身特有的盐分处理机制，能够连片地生活于此。每当秋季来临，这些植物体内堆积的叶红素便孕育出一片片火红的生命洪泽，像一幅巨大的猩红色地毯铺展在平阔的海滩上，远远望去层层叠叠，漫无尽头——"红海滩"因此得名。**1**

1 造就这片"红海滩"的，是无数不起眼又个个身怀绝技的抗盐植物。（摄影 / 李东明）

大自然"织锦师"——盐角草、碱蓬

盐角草（学名：*Salicornia europaea* Linn.），藜科，盐角草属一年生草本植物，高可达 35 厘米。茎直立，多分枝；枝肉质，叶不发育，鳞片状，顶端锐尖。多分布于辽宁、河北、山西、山东和江苏北部等地。生于盐碱地、盐湖旁及海边。盐角草是地球上最耐盐的陆生高等植物之一，具有显著的摄盐能力和集积特征，可广泛用于盐碱地的综合改良。 **1**

1 盐角草属一年生草本植物，高可达 35 厘米。茎直立，多分枝；枝肉质，叶不发育，鳞片状，顶端锐尖。

与"网红"的辽宁盘锦"红海滩"多为人工干预形成不同，盐城条子泥湿地的"红海滩"已被海水冲刷了千万年。

江苏盐城自然保护区的土壤属于滨海盐土，在盐土的上层分布着滨海盐土植被，根据它们的生理机能分为积盐植物、泌盐植物和不透盐性植物。染红这片海滩的便是盐角草、碱蓬等积盐植物。

形若珊瑚、多肉饱满的盐角草是盐碱地的明星植物，无论是含盐量 0.5% 的土地，还是含盐量 6.5% 的盐碱地，盐角草都能够顽强地存活。不仅如此，这种被称为"吸盐机"的矮小草本植物聚集在一起，每公顷每年可吸收土壤中近 400 千克的盐。

与大多数植物不同，盐角草的叶已经高度退化，这些肉质化的茎表皮富含蜡质，气孔小而下陷，可以减少水分的蒸发。同时，茎中含有的特殊的储水细胞还能够储存根系吸收来的盐分；而随着细胞液浓度的增高，细胞中特殊的"盐泡"结构将盐碱成分牢牢锁在其中，不会对植株产生任何伤害。有数据表明，盐角草体内的含盐量高达92%，含盐量一般在 10% 以下的盐碱地自然奈何不了它。

2 和盐角草一样，盐地碱蓬也是一种生长在盐碱地上的"明星"，当含盐量为 1% ~ 1.6% 时，其茎和叶片会呈现出各种各样的红色。

和盐角草一样，俗称"碱蓬"的盐地碱蓬也是一种生长于盐碱地上的"明星"。这种与盐角草同属藜科的草本植物，同样拥有特殊的细胞结构，并与其所扎根的滩涂土壤的含盐量密切相关。

有研究显示，当土壤含盐量超过 0.3% 时，碱蓬得以茁壮生长；当含盐量在 0.4% ~ 1% 时，碱蓬叶片细胞中的液泡组织以叶绿素为主，整个植株呈现黄绿、翠绿或深绿色，株体高大茂盛，叶片细长；当含盐量为 1% ~ 1.6% 时，碱蓬的茎和叶片中的液泡组织形成较多的甜菜红素，从而使叶片呈现出深浅不一的浅红、赤红和紫红等颜色。植株也变得矮小，高度仅有 20 厘米甚至更低，叶片的形状也由细长变为粗短，从而可以吸收和贮存大量的水分，以克服在盐碱条件下由于吸水困难而造成的水分不足。

"红海滩"是大自然孕育的一道奇观。海的涤荡与滩的沉积，是"红海滩"得以存在的前提；碱的渗透与盐的浸润，是"红海滩"红似朝霞的条件。但真正织就这一自然奇观的，正是如盐角草、碱蓬等这些外表看起来毫不起眼的耐盐碱植物。正是由于它们的存在，贫瘠而单调的盐沼地才能于光阴荏苒中多了几许灵动与情趣。 3

盐地碱蓬［学名：*Suaeda salsa*（Linn.）Pall.]，藜科，碱蓬属一年生草本植物，高 20 ~ 80 厘米，绿色或紫红色。茎直立，圆柱状，黄褐色，有微条棱，无毛。多分布于东北、内蒙古、河北、江苏、浙江等地区。生长于盐碱土，在海滩及湖边常形成单种群落。盐地碱蓬作为盐生植物，可对土壤起到积极的修复作用，并具有较高的食用价值和药用价值。 2

3 "红海滩"这一大自然的奇
观，正是由这些耐盐碱植物织就
而成的。

第五篇
抗盐先锋，神奇植物

鸟类"守护神"——碱菀

碱菀（学名：*Tripolium vulgare* Nees），菊科，碱菀属植物，茎高 30～50 厘米，有时达 80 厘米，单生或数个丛生于根茎上，下部常带红色，无毛，上部多有开展的分枝。基部叶在花期枯萎。多生长于海岸、湖滨、沼泽及盐碱地。

1 蜜蜂正在开着粉白色小花的碱菀上忙碌。碱菀是典型的不透盐植物，具有较强的抗盐能力。

除了盐角草、碱蓬，盐碱地上的明星植物还有柽柳、碱菀和芦苇等。其中，最为常见的芦苇属不透盐性植物，它的避盐机制也与盐角草等大不相同。芦苇的细胞中含有丰富的可溶性糖、氨基酸等有机物，这使得芦苇细胞液的浓度远大于土壤中盐分的浓度，从而保护芦苇免受高浓度盐分的侵害。而芦苇通过光合作用所产生的氧气又在根部释放，因此改善了土壤中缺氧的环境。

蜜蜂正在一朵粉白色的小花上忙碌，这是一种菊科植物，名为碱菀。它同芦苇一样，也是典型的不透盐性植物，具有较强的抗盐能力。平淡无奇的小花是生长在盐碱地上的奇迹，也给以绿、红为主色调的盐碱地平添了一份别样的色彩。**1**

秋风起，芦花白；碱蓬浅，盐角红……明快的色彩不仅装扮了盐城湿地广袤的滩涂，也成为包括丹顶鹤、黑嘴鸥等珍禽们最好的栖居地。

经过大约 21 天的孵化，黑嘴鸥雏鸟们陆续破壳而出。碱蓬又茂密了一些，地面上也多了这些可爱的小家伙们。这些羽翼尚未丰满的小家伙们，目前全球种群数量仅 2 万多只。每年春季，黑嘴鸥便会从遥远的地方飞临盐城条子泥湿地，直至秋天繁殖季过后才会离开。

与白鹭等鹭鸟类大型涉禽不同，黑嘴鸥通常营巢于有碱蓬、獐茅、中华补血草（一种泌盐植物）等低矮盐碱植物的沿海滩涂地带，不受潮水影响的无水盐碱地上或河口泥质滩涂，和潮间带边缘或受潮水影响较小的潮间带高的土丘。它们的巢主要由枯碱蓬茎叶、獐茅等盐碱地植物构成。显然，拥有大片原生盐碱类植被、面积广阔且食物富足的盐城滨海湿地成了它们最好的驻足地。

几个月后，在一片火红的衬托下，小黑嘴鸥跟随着父母振翅冲向云霄，飞离繁殖地盐城条子泥。此时，碱蓬变高变密，已不再适合它们生活。

和黑嘴鸥一样，环颈鸻和白额燕鸥也喜欢把巢筑在盐碱地上。寻一处干燥低洼的小坑，衔来几根枯枝，再铺上些碎贝壳，便是它们的家。这看似简陋的巢穴其实大有文章——无论是白额燕鸥还是环颈鸻，它们形似鹌鹑蛋的卵壳上缀有不规则的黑色斑纹，这是极佳的保护色，在同样黄褐色的盐碱地地面上与密布的耐盐碱类植物的背景完美地融为一体，难以被天敌发现。 2 3

随着环颈鸻们的飞离，碱菀的枝叶也变得枯萎，在微生物的作用下化作来年护花的春泥。正是这些不怕盐分的植物，依靠自身微小而勇敢的力量，吸收盐分、释放营养，持续不断地改造着这片盐碱地，为更多物种打开了生命的大门。

2 下图 白额燕鸥只是把巢简单地筑在地面的凹处，碱蓬的庇护能让它格外安心。

3 上图 白额燕鸥把巢筑在盐碱地上，缀有不规则黑斑的卵和雏鸟能与环境完美地融为一体。（摄影 / 李东明）

第五篇
抗盐先锋，神奇植物

第六篇

盐城湿地，一方净土守望人

救　助

　　"里面拍到一只翅膀受伤的黑嘴鸥幼鸟，得看看怎么救！"一位身穿雨裤、披着雨衣的老师顾不上周身还在淌着雨水，急切地向周边的人展示着相机里的照片，语气中明显带着不忍。

　　这不是普通的摄影爱好者，而是常驻在江苏盐城湿地珍禽国家级自然保护区的"义务观察员"。手中的相机是他们最得力的工具。借助长焦，他们早已对栖居在这片湿地上的 400 多种鸟类烂熟于胸。正因为如此，这一庞大群体的成员，被尊称为"老师"。 1 2

　　保护区的淤积淤长型海岸带、丰富多样的滩涂湿地生态系统，孕育着异常丰富的生物多样性资源。区内有动植物 2600 余种，国家一级保护野生动物 14 种，国家二级保护野生动物 85 种，记录的 402 种鸟类中有 11 种为国家一级保护动物。保护区独特的地理位置，使其成为南北半球候鸟迁徙的重要驿站。每年有近 300 万只候鸟在迁徙中途在此地休息。季节性居留和常年居留的鸟类达 50 多万只，其中最具代表性的便是雁鸭类、鸻鹬类和鹳鹤类。当然，也包括镜头里的黑嘴鸥。

　　为了这些生灵，一个个热爱者参与其间，一代代人守望相助，共同谱就了盐城湿地这片神奇土地上的最美篇章。

1 左图 这些常驻"义务观察员"的工作并不轻松，他们常常需要背着沉重的镜头横跨泥泞的湿地，在相机前守上几个小时才能拍摄到一两个精彩的镜头。

2 上图 日日夜夜的守候使他们早已对生活在这片湿地的各种鸟类烂熟于心。

追 忆

盐城湿地珍禽保护区的故事，要从一位"护鹤女孩"开始说起。

黑龙江扎龙是丹顶鹤的故乡，由此向南约 2000 千米，便是盐城湿地珍禽保护区。每年八九月间秋风乍起时，丹顶鹤便会从扎龙启程，飞往千里之外的越冬地，年复一年。

30 多年前的一天，也有一位女孩儿离开了扎龙——那里也是她的家乡，远赴盐城。那一年，盐城沿海滩涂珍禽自然保护区建起了珍禽驯养场。一同南下的，还有她随身携带的三枚丹顶鹤卵，这是她带给盐城保护区的一份厚礼。80 多天后，两只小鹤振翅飞向天空，生命在这里得以延续。两年之后，她却在救助白天鹅的途中出现意外不幸身亡，年仅 23 岁。

她便是徐秀娟，那首传唱大江南北的《一个真实的故事》中的主角。

徐秀娟出生于 1964 年 10 月黑龙江省齐齐哈尔市的一个养鹤世家，她的父亲徐铁林是扎龙国家级自然保护区第一代养鹤人。1981 年，因当地高中停办，17 岁的徐秀娟跟随父亲在保护区学习养鹤驯鹤。四年后的 5 月，从东北林业大学野生动物系进修结业后，她来到盐城帮助筹建自然保护区。

下火车转汽车，两天两夜赶到保护区后，在徐秀娟的精心守护下，小雏鹤相继破壳而出。《盐城市志》记载了当时保护区的情况：1986 年，盐城沿海滩涂珍禽自然保护区建起了珍禽驯养场，成功取得了丹顶鹤、白枕鹤人工孵化和越冬期半散养的经验。

然而，1987 年 9 月 16 日，徐秀娟为寻找飞失的白天鹅不幸溺水身亡。时年 23 岁的她，连同她最心爱的丹顶鹤一起，作为一段刻骨铭心的记忆被永久镌刻在了保护区内。

"走过那条小河，你可曾听说，有一位女孩，她曾经来过……"或许，徐秀娟对生命的挚爱早已化成了盐城湿地上飞舞的精灵，世世代代守望着这片神奇的土地。**3**

3 一代又一代的丹顶鹤在这里安居，如今的盐城湿地珍禽国家级自然保护区也是一片欣欣向荣的景象。（摄影／陈国远）

传 承

4 时光流传、传承永续，新一代的"奶爸"们和前辈一样，义无反顾地投身动物保护的事业中。

时光流转，传承永续，这样的信仰延续到了一群年轻丹顶鹤"奶爸"的身上。 4

随着研究水平的发展，盐城丹顶鹤的人工孵化存活率几乎能达到100%。尽管如此，这依旧没有普通人想象中的那么容易。为了丹顶鹤，这些大男孩得在孵化室内蹲守好几个月，时刻观察湿度、温度等孵化指标。在小丹顶鹤的面前，他们的表情总带着能触及内心的一种温柔。

对于稍大一些却还未成年的丹顶鹤，他们之间已经达成了默契。"这只特别调皮，总是不知道回家。"年轻的"奶爸"嗔怪着盘旋远去的丹顶鹤，对于这些朝夕相处的伙伴，他似乎早已摸清了它们的脾气秉性。

可即便如此，丹顶鹤们的安危容不得半点儿疏忽。年轻的"奶爸"还是经常和同事深入芦苇丛中找寻。"这算不算野放成功？"他半着开玩笑，嘴里的呼唤却始终

5 本书创作团队经历了种种困难后才得以揭开珍稀鸟类不为人知的生活场景。

没有停止。

因为候鸟特殊的迁徙性，除了越冬时节，大多数时候保护区都在盼望着候鸟的归来。他们不过多干涉这里植物和环境的改变，保持生态环境最自然的发展，让大自然找到自己的平衡方式。

而对于盐碱度普遍偏高的条子泥滩涂来说，适当的改造则显得尤为重要。近些年，这里种下了越来越多的碱蓬和盐角草等耐盐植物，因此而改善的土质不仅带来了许多丰产的良田，也让条子泥滩涂成为黑嘴鸥等鸻鹬类鸟类的停歇觅食地。

为了保护这些喜欢将家安在耐盐植物丛中的小家伙们，每到四五月份，"禁止入内"的警示牌就被保护区竖立起来。丰足的食物、安全隐蔽的栖息环境成了它们最好的生息地。

当然，仅凭保护区的工作人员尚无法顾及这里的每一个生灵，于是，也就有了开头提到的"老师"——那些摄影爱好者们，他们和工作人员一起守护着盐城湿地保护区。他们熟悉这片滩涂的潮涨潮落，知道鸟类的活动规律，一双"千里眼"能瞬间数出天上飞鸟的数量……根据"老师"们的指引，黑脸琵鹭、勺嘴鹬这些珍稀鸟类的生活被一一揭开。 5

受伤的黑嘴鸥幼鸟最终得到了救助，每个人的耳畔似乎又响起了那首经久传唱的歌——"走过那条小河，你可曾听说，有一位女孩，她曾经来过……"

新　生

在中国古代的神话传说中，仙鹤与神鹿往往相伴相随；而在盐城的滩涂中，除了鹤，还有在古时便生活于此的动物——麋鹿。

几十年前，在"周游"世界、濒临灭绝之际，麋鹿回到了故乡；也是在几十年前，怀着对未来的期盼，青年们成为建立麋鹿保护区的一员。那时在盐城，这还是一种新的职业，一切都需要自己摸索。

大丰麋鹿国家级自然保护区中第一批小麋鹿的出生和成长，关系着引进的成功与否，工作人员必须把全部时间和精力都用于陪伴小麋鹿。这些脆弱的小生命，需要被测量和观测，但这一项工作对于还没有太多经验的工作人员来说，是一次挑战，更是一种成长和历练。

作为一种群居动物，在最初的认知中，一旦繁殖期结束，鹿王卸任，麋鹿的家族和团体意识就会弱化了。不过，工作人员在实践过程中发现，麋鹿的家族保护意识或许比人类想象中的要强，尤其是当小麋鹿出现威胁时。为了测量，他们需要接近新生小鹿。平素里温顺的麋鹿们在此时"瞬间翻脸"，顶着硕大鹿角的雄麋鹿奔跑着撞向带着测量工具的工作人员。面对这群体型健壮的家伙，他们只有一个办法——抄起"家伙"快跑。 **6**

从 1986 年回归盐城黄海湿地至今，麋鹿的种群数量已从当时的 39 头繁衍到了 6000 多头，其中野生麋鹿近 3000 头，甚至繁衍出了子六代。

时间使者就这样与这些人达成了契约，就像是初为人父人母，不能错过孩子成长的点点滴滴。

30 多年的接力保护，这里建立了五个"世界之最"：世界面积最大的麋鹿保护区、世界数量最多的麋鹿种群、世界最大的麋鹿野生种群、世界最大的人工驯养麋鹿种群、世界最大的麋鹿基因库。30 多年间，他们和这些重归故里的"神兽"相互陪伴、一起成长。如今，在他们的悉心照顾和陪伴下，麋鹿的种族也延续了一代又一代。 **7**

6 为了麋鹿这一种群的延续，人们需要不断观测和记录大量数据。除了工作人员，摄影老师们在这些工作中也起到了举足轻重的作用。

　　2017 年 2 月,中国渤海—黄海海岸带列入世界遗产预备清单。2019 年 7 月,中国黄(渤)海候鸟栖息地(第一期)正式成为中国首个滨海湿地类世界自然遗产,包括江苏盐城湿地珍禽国家级自然保护区、江苏大丰麋鹿国家级自然保护区、江苏盐城条子泥市级湿地公园、江苏东台市条子泥湿地保护小区和江苏东台市高泥淤泥质海滩湿地保护小区。这一荣誉的背后,是申遗过程中人们一次次的受挫和拼搏,也是几代人从懵懂到专业的努力。

　　海水冲刷出了神奇的地貌,奋力伸展的沙脊像张开的巨大臂膀;烟水苍茫间,鹤舞云霄,鹿鸣呦呦……这是生命的律动,也是大自然的律动。在这份美好的馈赠背后,是一张张灿烂而饱经风霜的脸庞。

　　盐城,几代人共同守住的这一方净土,未来必定还会继续奏响那首传唱经久的歌。 8　9　10

8　金色的阳光洒在芦苇和稚嫩的鹿角上，让人不禁为这充满希望的画面而感叹。（摄影/李东明）

9 有着茂密植被的滩涂湿地滋养了这里大大小小的生物，也成了丹顶鹤等候鸟的栖息地。（摄影／胡小星）

第六篇
盐城湿地，一方净土守望人

10 海水的冲刷，候鸟的叽叽喳喳，小鹿的呦呦鸣叫……这是生命的律动，在这份生机的背后是无数人不计回报的付出。（摄影／李东明）

中国盐城黄海湿地，

是中国第一块滨海湿地类世界自然遗产，

是全球 19 个"生物多样性 100+ 全球特别推荐案例"之一，

是全球第二块潮间带世界自然遗产，

为全球开展自然保护提供了全新的"中国经验"。